O2O | 高等院校O2O新形态
立体化系列规划教材

U0276611

网页设计与制作

立体化教程 | Photoshop+Dreamweaver +Flash CS6 微课版

李芳玲 陈业恩 ◎ 主编

徐巧格 岳耀雪 孙志成 ◎ 副主编

赵彩红 ◎ 编

人民邮电出版社

北京

图书在版编目（CIP）数据

网页设计与制作立体化教程：Photoshop+Dreamweaver+Flash CS6：微课版 / 李芳玲，陈业恩主编. -- 北京：人民邮电出版社，2019.11
高等院校O2O新形态立体化系列规划教材
ISBN 978-7-115-49501-3

Ⅰ. ①网… Ⅱ. ①李… ②陈… Ⅲ. ①网页制作工具－高等学校－教材 Ⅳ. ①TP393.092

中国版本图书馆CIP数据核字(2018)第222560号

内 容 提 要

　　"Photoshop+Dreamweaver+Flash" 3 个软件是主流的网页设计"三剑客"，它们广泛应用于网页设计领域，其中 Photoshop CS6 通常用来设计网页效果图，Dreamweaver CS6 主要用来合成网页页面，而 Flash CS6 则用来制作网页中需要的动画效果。本书即以 Photoshop+Dreamweaver+Flash CS6 为蓝本，讲解使用这 3 个软件进行网页设计与制作的相关知识。

　　本书由浅入深、循序渐进，采用情景导入案例式讲解软件知识，通过"项目实训"和"课后练习"加强对学习内容的训练，并通过"技巧提升"来强化学生的综合能力。全书着重培养学生实际应用能力，通过大量的案例和练习，将职业场景引入课堂教学，让学生提前进入工作的角色中。附录列出一些常用的设计数据，供设计者参考使用。

　　本书可作为高等院校网页设计类相关课程的教材，也可作为各类社会培训学校相关专业的教材，同时还可供网页设计与制作初学者自学使用。

◆ 主　　编　李芳玲　陈业恩
　　副 主 编　徐巧格　岳耀雪　孙志成
　　责任编辑　马小霞
　　责任印制　马振武

◆ 人民邮电出版社出版发行　　北京市丰台区成寿寺路 11 号
　　邮编　100164　电子邮件　315@ptpress.com.cn
　　网址　http://www.ptpress.com.cn
　　三河市君旺印务有限公司印刷

◆ 开本：787×1092　1/16
　　印张：16　　　　　　　　2019 年 11 月第 1 版
　　字数：398 千字　　　　　2025 年 1 月河北第 7 次印刷

定价：49.80 元

读者服务热线：(010)81055256　印装质量热线：(010)81055316
反盗版热线：(010)81055315
广告经营许可证：京东市监广登字 20170147 号

前　言
PREFACE

　　根据现代教学的需要，我们组织了一批优秀的、具有丰富教学经验和实践经验的作者团队编写了本套"高等院校O2O新形态立体化系列规划教材"。

　　教材进入学校已有3年多的时间，在这期间，我们很庆幸这套图书能够帮助老师授课，得到广大老师的认可；同时我们更加庆幸，很多老师给我们提出了宝贵的建议。为了让本套书更好地服务于广大老师和同学，我们根据一线老师的建议，开始着手教材的改版工作。改版后的丛书拥有"案例更多""行业知识更全""练习更多"等优点。在教学方法、教学内容和教学资源等方面体现出自己的特色，更能满足现代教学需求。

教学方法

　　本书设计"情景导入→课堂案例→项目实训→课后练习→技巧提升"5段教学法，将职业场景、软件知识、行业知识进行有机整合，各个环节环环相扣，浑然一体。

- **情景导入**：本书以日常办公中的场景展开，以主人公的实习情景模式为例将其引入本章教学主题，并将其贯穿于课堂案例的讲解中，让学生了解相关知识点在实际工作中的应用情况。教材中设置的主人公如下。

　　　　米拉：职场新人，昵称小米。

　　　　洪钧威：米拉的顶头上司，职场新人的引入者，人称老洪。

- **课堂案例**：以来源于职场和实际工作中的案例为主线，以米拉的职场经历引入每一个课堂案例。因为这些案例均来自职场，所以应用性非常强。在每个课堂案例中，不仅讲解了案例涉及的软件知识，还讲解了与案例相关的行业知识，并通过"行业提示"的形式将其展现出来。在案例的制作过程中，穿插有"知识提示"和"多学一招"小栏目，以提升学生的软件操作技能，拓展其知识面。

- **项目实训**：课堂案例讲解的知识点和实际工作的需要相结合的综合训练。训练注重提升学生的自我总结和学习能力，因此在项目实训中，只提供适当的操作思路及步骤提示以供参考，要求学生独立完成操作，充分训练学生的动手能力。同时增加与本实训相关的"专业背景"让学生来提升自己的综合能力。

- **课后练习**：结合本章内容给出难度适中的上机操作题，可以让学生强化和巩固本章所学知识。

- **技巧提升**：以本章案例涉及的知识为主线，深入讲解软件的相关知识，让学生可以更便捷地操作软件，学到更多软件的高级功能。

教学内容

本书的教学目标是循序渐进地帮助学生掌握Photoshop+Dreamweaver+Flash CS6网页设计与制作的相关应用，具体包括掌握 Photoshop 处理图像、Dreamweaver制作网页、Flash CS6制作动画等。全书共10章，分为以下5个方面的内容。

- 第1章：主要讲解网页设计基础知识和网站建设的基础知识等。
- 第2~3章：主要讲解使用Photoshop编辑网页图像和设计界面效果图等。
- 第4~8章：主要讲解Dreamweaver基本操作、添加网页元素、布局网页版面、使用表单和行为、制作ASP动态网页等。
- 第9章：主要讲解使用Flash创建基本动画、创建与编辑元件、添加动作和脚本等。
- 第10章：使用Photoshop+Dreamweaver+Flash完成一个综合案例，在完成案例的过程中融汇前面所学知识和操作，练习Photoshop+Dreamweaver+Flash CS6的综合应用。

平台支撑

人民邮电出版社在在线教育方面潜心研究，充分发挥在线教育方面的技术优势、内容优势、人才优势，为读者提供一种"纸质图书+在线课程"相配套、全方位学习Photoshop软件的解决方案。读者可根据个人需求，利用图书和"微课云课堂"平台上的在线课程进行碎片化、移动化的学习，以便快速全面地掌握Photoshop软件以及与之相关联的其他软件的使用。

"微课云课堂"目前包含近50000个微课视频，在资源展现上分为"微课云""云课堂"这两种形式。"微课云"是该平台中所有微课的集中展示区，用户可随需选择；"云课堂"是在现有微课云的基础上，为用户组建的推荐课程群，用户可以在"云课堂"中按推荐的课程进行系统化学习，或者将"微课云"中的内容进行自由组合，定制符合自己需求的课程。

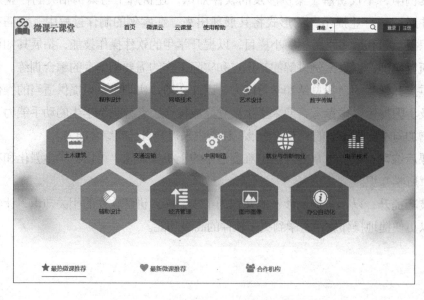

◇ "微课云课堂"主要特点

微课资源海量，持续不断更新："微课云课堂"充分利用了出版社在信息技术领域的优势，以人民邮电出版社60多年的发展积累为基础，将资源经过分类、整理、加工以及微课化之后提供给用户。

资源精心分类，方便自主学习："微课云课堂"相当于一个庞大的微课视频资源库，按照门类进行一级和二级分类，并按照难度进行等级分类，不同专业、不同层次的用户均可以在平台中搜索自己需要或者感兴趣的内容资源。

多终端自适应，碎片化移动化：绝大部分微课时长不超过十分钟，可以满足读者碎片化学习的需要；平台支持多终端自适应显示，用户除了可以在PC端使用外，还可以在移动端随心所欲地进行学习。

◇ "微课云课堂"使用方法

扫描封面上的二维码或者直接登录"微课云课堂"（www.ryweike.com）→用手机号码注册→在用户中心输入本书激活码bb5b668a，将本书包含的微课资源添加到个人账户，获取永久在线观看本课程微课视频的权限。

此外，购买本书的读者还将获得一年期价值168元的VIP会员资格，可免费学习50000个微课视频。

教学资源

本书的教学资源包括以下几个方面的内容。

● **素材文件与效果文件**：包含书中实例涉及的素材与效果文件。

● **模拟试题库**：包含丰富的关于 Photoshop 的相关试题，读者可自动组合出不同的试卷进行测试。另外，本书中还提供了两套完整模拟试题，以便读者测试和练习。

● **PPT课件和教学教案**：包括PPT课件和Word文档格式的教学教案，以方便老师顺利开展教学工作。

● **拓展资源**：包含图片设计素材、笔刷素材、形状样式素材和Photoshop图像处理技巧等。

特别提醒：上述教学资源可访问人民邮电出版社人邮教育社区（http://www.ryjiaoyu.com/）搜索书名下载，或者发电子邮件至dxbook@qq.com索取。

本书涉及的所有案例、实训、讲解的重要知识点都提供了二维码，读者只需要用手机扫描即可查看对应的操作演示，以及知识点的讲解内容，方便读者灵活运用碎片时间即时学习。

本书由李芳玲、陈业恩担任主编，徐巧格、岳耀雪、孙志成担任副主编，赵彩红参编。虽然编者在编写本书的过程中倾注了大量心血，但恐百密之中仍有疏漏，恳请广大读者不吝赐教。

编　者

2019年7月

目 录

CONTENTS

网页设计与制作立体化教程
（Photoshop+Dreamweaver+Flash CS6）（微课版）

第9章　使用Flash制作网页动画　197

第10章　综合案例——制作企业官网　219

附录　245

CHAPTER 1

第1章
网页设计与网站建设基础

情景导入

临近毕业，米拉决定找一份网页设计的工作，于是她开始复习网页设计需要使用到的软件操作，并多方查阅相关设计资料，还在网上投递了关于网页设计师岗位的简历。

学习目标

● 掌握网页设计基础知识。

如网页与网站概述、网页常用术语、网页色彩搭配等。

● 掌握网站建设基础知识。

如网站开发流程、网页设计内容和原则、常用网页制作软件、HTML标记语言、站点策划、创建站点、编辑站点和管理站点等。

案例展示

▲赏析特色网站

1.1 网页设计基础知识

米拉如愿来到理想中的网页设计公司实习。上班第一天，公司安排老洪来带领她完成实习期工作。首先，老洪让米拉对网页有一个大概的认识，了解网页设计的相关基础知识，如什么是网页、常见的网站类型、网页中的常用术语、网页设计色彩搭配等，并对一些市场上非常好的网站进行赏析，从中学习经验。

1.1.1 认识网站与网页

互联网由成千上万个网站组成，而每个网站又是由诸多网页构成的，因此可以说网站是由网页组成的一个整体。下面分别介绍网站和网页。

- **网站**：网站是指在互联网上根据一定的规则，使用HTML（超文本标记语言）工具制作的、用于展示特定内容的、一组网页的集合。通常情况下，网站只有一个主页。主页中会包含该网站的标志和指向其他页面的链接，人们可以通过网站来发布想要公开的资讯，或者利用网站来提供相关的网络服务，也可以通过网页浏览器来访问网站，获取自己需要的资讯或者享受网络服务。
- **网页**：网页是组成网站的基本单元，用户上网浏览的一个个页面就是网页。网页又称为Web，一个网页通常就是一个单独的HTML文档，其中包含有文字、图像、声音和超链接等元素。

1.1.2 常见的网站类型

网站是多个网页的集合，按网站内容可将网站分为5种类型：门户网站、企业网站、个人网站、专业网站和职能网站。下面将分别对这几种类型进行讲解。

- **门户网站**：门户网站是一种综合性网站，涉及领域非常广泛，包含文学、音乐、影视、体育、新闻和娱乐等方面的内容，还具有论坛、搜索和短信等功能。国内较著名的门户网站有新浪、搜狐和网易等，如图1-1所示。
- **企业网站**：企业网站是企业为了在互联网上展现企业形象和公司产品，以对企业进行宣传而建设的网站。一般是以公司名义开发创建，其内容、样式、风格等都是为了展示自身的企业形象，如图1-2所示。

图1-1　门户网站

图1-2　企业网站

- **个人网站**：个人网站是指个人或团体因具有某种兴趣、拥有某种专业技术、提供某种服务或把自己的作品、商品展示销售而制作的具有独立空间域名的网站，具有较强的个性，图1-3所示为个人平面作品展示网站。

● **专业网站**：这类网站具有很强的专业性，通常只涉及某一个领域。如太平洋电脑网是一个电子产品专业网站平台，如图1-4所示。

图1-3 个人网站　　　　　　　　　　　　　　图1-4 专业网站

● **职能网站**：职能网站具有特定的功能，如政府职能网站等。目前流行的电子商务网站也属于这类网站，较有名的电子商务网站有淘宝网、卓越网和当当网等，如图1-5所示。

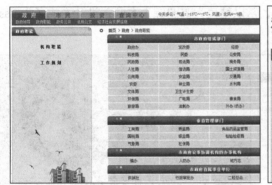 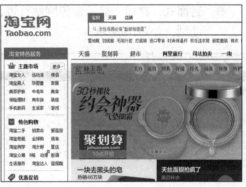

图1-5 职能网站

1.1.3 常见的网页类型

根据不同的分类方式，可以将网页分为不同的类型。下面分别进行介绍。

● **按位置分类**：按网页在网站中的位置可将其分为主页和内页。主页是指网站的主要导航页面，一般是进入网站时打开的第一个页面，也称为首页；内页是指与主页相链接的页面，也就是网站的内部页面。

● **按表现形式分类**：按网页的表现形式可将网页分为静态网页和动态网页。静态网页是指用HTML编写的，实际存在的网页文件，它无法处理用户的信息交互过程。动态网页是使用ASP、PHP、JSP和CGI等程序生成的页面，常与数据库结合使用，使网页产生动态效果，可以处理复杂的用户信息交互过程。

1.1.4 常用的网站结构

网站结构的设计与规划，对整个网站的最终呈现效果起着至关重要的作用，它不但直接关系到页面结构的合理性，同时还在一定程度上映射出该网站的类型定位。下面对网站常见的结构进行介绍。

● **国字型**：国字型是最常见的一种布局方式，其上方为网站标题和广告条，中间为正文，左右分列两栏，用于放置导航和工具栏等，下方是站点信息，如图1-6所示。

● **拐角型**：与"国字型"相似，拐角型上方为标题和广告条，中间左侧较窄的一栏具有超链接一类的功能，右侧为正文，下面为站点信息，如图1-7所示。

图1-6 国字型结构 图1-7 拐角型结构

● **标题正文式**：这种结构的布局方式比较简单，主要用于突出需要表达的重点，通常最上方为通栏的标题和导航条，下方是正文部分，如图1-8所示。

● **封面式**：常用于显示宣传网站首页，常以精美大幅图像为主题，设计方式多为Flash动画，如图1-9所示。

图1-8 标题正文式结构 图1-9 封面式结构

1.1.5 网页的基本构成元素

文本、图像、超链接和音视频等元素是构成网页的基本元素。通过这些元素的组合，能够将网页制作成各种不同类型、不同风格的页面。下面分别对这些元素进行介绍。

● **文本**：文本具有体积小、网络传输速度快等特点，可以使用户更方便地浏览和下载文本信息，是网页最主要的基本元素，也是页面中最主要的信息载体。

● **图像**：图像比文本更加生动和直观，可以传递一些文本不能表达的信息，具有强烈的视觉冲击力。网页中的网站标识、背景、链接等都可以是图像。

● **超链接**：用于指定从一个位置跳转到另一个位置的超链接，可以是文本链接、图像链接和锚链接等，可以在当前页面中进行跳转，也可以在页面外进行跳转。

● **音频**：音频文件可以使网页效果更加多样化，网页中常用的音乐格式有mid、mp3。其中mid为通过计算机软硬件合成的音乐，不能被录制；而mp3为压缩文件，其压缩率非常高，音质也不错，是背景音乐的首选。

● **视频**：网页中的视频文件一般为flv格式，它是一种基于Flash MX的视频流格式，具有文件小、加载速度快等特点，是网络视频格式的首选。

● **动画**：网页中常用的动画格式主要有两种，分别是 gif 动画和 swf 动画。gif 动画是逐帧动画，相对比较简单；而 swf 动画则更富表现力和视觉冲击力，还可结合声音和互动功能，吸引浏览者的眼球。

1.1.6 网页常用术语

在网页制作过程中，经常会接触到许多和网络相关的专业术语，了解这些专业术语的概念对于网页设计有很大帮助，与网页相关的专业术语概念介绍如下。

● **浏览器**：浏览器是用于观看Internet上网页的工具，使用它访问网络就像是在互联网的海洋中冲浪，现在浏览器种类众多，如IE、Google Chrome、Firefox等浏览器。

● **万维网**：万维网（World Wide Web）简称WWW，是目前Internet上最流行的一种信息资源。利用万维网可以将全世界的信息链接在一起，通过网络访问这些资源并加以利用。

● **文件传输协议**：文件传输协议（File Transfer Protocol）英文缩写为FTP。它是一种快速、高效和可靠的信息传输方式，通过该协议可以将文件从一台计算机传输到另外一台计算机，从而实现资源互享。

● **超文本标记语言**：超文本标记语言（Hyper Text Markup Language）英文缩写为HTML。网页是通过超文本标记语言创建的，其最基本的特征就是超文本和标记，用HTML编写的网页文件的扩展名一般为 .htm 或 .html。

● **IP地址**：IP地址由一组数字和小圆点组合而成，用于标识网络中计算机的位置，如"61.172.249.143"和"192.168.1.25"等，在浏览器中输入网站所在服务器的IP地址就可以访问该网站。

● **域名**：由于IP地址是一长串的数字，因此要记住这些数字非常困难，为了方便记忆，便出现了域名的概念。域名是使用英文字符和数字组成的，与固定的IP地址相对应，这些域名通常都比较简短，方便记忆，如"www.ryjiaoyu.com"。

● **统一资源定位符**：统一资源定位器（Universal Resource Locator）英文缩写为URL，它用于定位Internet中某个资源的具体位置，以取得各种服务信息的一种标准方法。

● **导航条**：导航条是多个超链接的集合，能有效地实现超链接功能。它包括了整个网站中主要页面的关键词，单击导航条上的超链接，可以跳转到相应的页面进行浏览。导航条一般分为横式和竖式两种，导航条可以是纯文本、按钮、图片、Flash动画或脚本语言等。

● **发布**：将制作好的网页上传到网上的过程即称为发布，也叫作上传或上载。如果做好了网页，但没有将网站内容放到主页服务器上，那么仍然无法在互联网上访问到该网站。

1.1.7 网页色彩搭配

色彩是光刺激眼睛再传到大脑的视觉中枢而产生的一种感觉。良好的色彩搭配能够给网页访问者带来很强的视觉冲击力，加深访问者对网页的印象，是制作优秀网页的前提。下面介绍一些常用的网页色彩搭配方法。

1．网页安全色

即使设计了漂亮的配色方案，但由于浏览器、计算机和分辨率等配置不同，网页呈现在浏览者眼前的效果也不相同。为了避免这种情况发生，就需要了解并使用网页安全色进行网页配色。

网页安全色是指在不同硬件环境、不同操作系统、不同浏览器中都能够正常显示的颜色集合（调色板或者色谱）。当使用网页安全色进行配色后，这些颜色在任何终端用户的显示设备上都将显示为相同的效果。

网页安全色是当红色（Red）、绿色（Green）、蓝色（Blue）颜色数字信号值（DAC Count）为0、51、102、153、204、255时构成的颜色组合，一共有216种颜色（其中彩色有210种，非彩色有6种）。在Dreamweaver CS6中，系统提供了这些颜色，可以直接在色板中单击 ▶ 按钮展开色板，然后选择需要的颜色，如图1-10所示。

图1-10　Dreamweaver CS6 中的色板

网页安全色在需要实现高精度的渐变效果、显示真彩图像或照片时有一定的欠缺，我们并不需要刻意局限使用这216种安全色来进行网页的设置，而是应该更好地搭配安全色和非安全色，以制作出具有个性和创意的设计风格。

2．色彩表达方式

在Dreamweaver中，颜色值最常见的表达方式是十六进制的。十六进制是计算机中数据的一种表示方法，由数字0~9、字母A~F组成，字母不区分大小写。颜色值可以采用6位的十六进制代码来进行表示，并且需要在前面加上特殊符号"#"，如"#0E533D"。

除此之外，还可通过RGB、HSB、Lab、CMYK来进行表示。RGB色彩模式是通过对红（R）、绿（G）、蓝（B）3个颜色通道的变化以及它们相互之间的叠加来得到各式各样的颜色，是目前运用最广的颜色系统之一。HSB色彩模式是普及型设计软件中常见的色彩模式，其中H代表色相；S代表饱和度；B代表亮度。Lab颜色模型由亮度L、两个颜色通道a 和b组成。a包括的颜色是从深绿色（低亮度值）到灰色（中亮度值）再到亮粉红色（高亮度值）；b是从亮蓝色（低亮度值）到灰色（中亮度值）再到黄色（高亮度值）。因此，这种颜色混合后将产生具有明亮效果的色彩。CMYK也称作印刷色彩模式，由青、洋红（品红）、黄、黑4种色彩组合成各种颜色。

3．相近色的应用

相近色是指相同色系的颜色，使用相近色进行网页色彩的搭配，可以使网页的效果更加统一和谐，如暖色调和冷色调就是相近色的两种运用。

● **暖色调**：暖色主要由红色、橙色、黄色等色彩组成，能给人温暖、舒适、活力的感觉，可以突出网页的视觉化效果。在网页中应用相近色时，要注意色块的大小和位置。不同的亮度会对人的视觉产生不同的影响，如果将同样面积和形状的几种颜色摆放在画面中，画面会显得单调、乏味，所以应该确定颜色最重的一种颜色为主要色，其面积最大，中间色稍小，浅色面积最小，以使画面效果显得丰富，如图1-11

所示。

- **冷色调**：冷色系包括青、蓝、紫等色彩，可以给人明快、硬朗的感觉。冷色系颜色的亮度越高，其特效越明显，其中蓝色是最为常用的一种冷色系颜色，如图1-12所示。

图1-11　暖色调

图1-12　冷色调

4．对比色的应用

在色相环中每一个颜色对面(180°)的颜色，称为互补色，也是对比最强的色组。也可以指两种可以明显区分的色彩，包括色相对比、明度对比、饱和度对比、冷暖对比等，如黄和蓝，紫和绿、红、青，任何色彩和黑、白、灰，深色和浅色，冷色和暖色，亮色和暗色都是对比色关系。

1.1.8　HTML标记语言

HTML是网页设置的语法基础，常称它为超文本标记语言（Hyper Text Markup Language），是用于描述网页文档的一种标记语言。

1．什么是HTML

HTML是标准通用标记语言下的一个应用，也是一种规范、一种标准，它通过标记符号来标记要显示网页中的各个部分。网页文件本身是一种文本文件，通过在文本文件中添加标记符，可以告诉浏览器如何显示其中的内容，如文字如何处理、画面如何安排、图片如何显示等。

HTML语言文档制作并不复杂，但功能却很强大，支持不同数据格式的文件镶入，包括图片、声音、视频、动画、表单和超链接等内容，这也是它在互联网中盛行的原因之一，其主要特点如下。

- **简易性**：HTML语言版本升级采用超集方式，从而更加灵活方便。
- **可扩展性**：HTML语言的广泛应用带来了加强功能，增加标识符等要求，它采取子类元素的方式，为系统扩展带来保证。
- **平台无关性**：HTML语言是一种标准，对于使用同一标准的浏览器，在查看一份HTML文档时显示是一样的。但是网页浏览器的种类众多，为让不同标准的浏览器用户查看同样显示效果的HTML文档，HTML语言就使用了统一的标准，从而能跨越在各个浏览器平台上显示。

2．HTML的常用标记

HTML其实就是文本，它需要浏览器的解释，它的编辑软件大体可以分为3种。

- **基本文本、文档编辑软件**：使用Windows（视图窗口）自带的记事本或写字板都可以编写，但保存时需使用.htm或.html作为扩展名，这样方便浏览器直接进行运行。

● **半所见即所得软件**：这种软件能大大提高开发效率，它可以使制作者在很短的时间内做出主页，且可以学习HTML，这种类型的软件主要有国产软件网页作坊、Amaya（万维网联盟）和HOTDOG（热狗）等。

● **所见即所得软件**：使用最广泛的编辑软件，完全不懂HTML的知识也可以制作出网页，这类软件主要有Amaya、Dreamweaver。与半所见即所得的软件相比，排序开发速度更快，效率更高，且直观的表现更强。任何地方进行修改只需要刷新即可显示。

一个网页对应一个HTML文件，超文本标记语言文件以.htm或.html为扩展名。可以使用任何能够生成TXT类型源文件的文本编辑软件来产生超文本标记语言文件，只用修改文件后缀即可。标准的超文本标记语言文件都具有一个基本的整体结构，标记一般都是成对出现（部分标记除外，例如：
），即超文本标记语言文件的开头<HTML>与结尾</HTML>标志和超文本标记语言的头部与实体两大部分。

（1）头部

<head></head>这2个标记符分别表示头部信息的开始和结尾。头部中包含的标记是页面的标题、序言、说明等内容，它本身不作为内容来显示，但影响网页显示的效果。头部中最常用的标记符是标题标记符和meta标记符，其中标题标记符用于定义网页标题的内容显示。

（2）实体

超文本标记语言正文标记符又称为实体标记<body></body>，网页中显示的实际内容均包含在这2个正文标记符之间。

（3）元素

HTML元素用来标记文本，表示文本的内容。比如，body、h1、p、title都是HTML元素，其他常见的元素标记如表1-1所示。

表1-1　常见的元素标记

名称	标记	示例及说明
超链接	<a></a>	<a href="url"> 显示的文字或图片 </a>
表格	<table>，行为 <tr>，单元格为 <td>	<table><tr><td> 行 </td></tr></table>
列表	<list>，列表为 <ul>，项为 <li>	<list><ul><li> 项目 </li><ul></list>
表单	<form></form>	<form><input type="submit" value=" 提交 "></form>
图片	<img>	<img src = "/images/ smile.jpg" alt=" 个人照片 ">
字体	<font></font>	<font color="#0000FF"> 这是我的个人主页 </font>

（4）元素的属性

HTML元素可以拥有属性。属性可以扩展HTML元素的功能。比如，可以使用一个font属性，使文字变为蓝色，就像这样：<font color="#0000FF">。

属性通常由属性名和值成对出现，就像这样：color="#0000FF"。上面例子中的font, color就是name，#0000FF就是value，属性值一般用双引号标记起来。

3．HTML5语言

HTML5的前身名为Web Applications 1.0，2004年由WHATWG提出，于2007年被万维网联盟（W3C）接纳，并成立了新的HTML工作团队，第一份正式草案于2008年1月22日公布。2012年12月17日，万维网联盟正式宣布HTML5规范正式定稿，并称 "HTML5是开放的Web网络平台的奠基石"。下面将分别介绍HTML5中的新标记及新特点。

（1）HTML5的新标记

在HTML5中提供了一些新的元素和属性，下面将分别介绍在HTML5语言中添加的常用标记。

- **搜索引擎标记**：主要是有助于索引整理，同时更好地帮助小屏幕装置和视力不佳的人使用，即<nav></nav>导航块标签和<footer></footer>。
- **视频和音频标记**：主要用于添加视频和音频文件，如<video controls></video>和<audio controls></audio>。
- **文档结构标记**：主要用于在网页文档中进行布局分块，整个布局框架都使用<div>标记进行制作，如<header>、<footer>、<dialog>、<aside>和<fugure>。
- **文本和格式标记**：在HTML5语言中的文本和格式标记与HTML语言中的基本相同，但是去掉了<u>、<font>、<center>和<strike>标记。
- **表单元素标记**：HTML5与HTML相比，在表单元素标记中，添加了更多的输入对象，即在<input type=" ">中添加了如电子邮件、日期、URL和颜色等输入对象。

（2）HTML5语言的新特点

与之前的HTML语言相比，HTML5有两大特点，首先，它强化了Web网页的表现性能，另外，它除了可描绘二维图形外，还添加了播放视频和音频的标签，并且追加了本地数据等Web的应用功能。具体新特点介绍如下。

- **全新且合理的标记**：该特点主要体现在多媒体对象的绑定情况，以前的多媒体对象都绑定在<object>和<embed>标记中，在HTML5中，则有单独的视频和音频的标记，分别为<video controls></video>和<audio controls></audio>标记。
- **Canvas对象**：主要是给浏览器带来直接在上面绘制矢量图的功能，可摆脱Flash和Silverlight，直接在浏览器中显示图形或动画。
- **本地数据库**：这个功能主要是内嵌一个本地的SQL数据库，增加交互式搜索、缓存和索引功能。
- **浏览器中的真正程序**：在浏览器中提供API，可实现浏览器内编辑、拖放和各种图形用户界面功能。

1.2　课堂案例：创建婚纱摄影网站

米拉熟悉了网页设计基础知识，老洪接着让她了解网站设计的相关知识，并让她练习创建一个婚纱摄影网站。要完成该任务，除了要熟悉网站开发的基本流程外，还需要了解常用网页制作软件、站点策划、创建本地站点、编辑站点、管理站点和站点文件等操作。本例的参考效果如图1-13所示，下面具体讲解其制作方法。

 效果所在位置　效果文件\第1章\lfhs\

图1-13　婚纱摄影网站站点文件

1.2.1　商业网站开发流程

对于专门从事网站开发的公司来说，网站开发是根据客户的需求进行的，主要分为"需求分析阶段""实现阶段"和"发布阶段"3个阶段，每个阶段都应有相应的责任人，如图1-14所示是一个商业网站的开发流程图。一般的站点都是通过这个流程进行开发的。

1．需求分析阶段

在这一阶段，需求分析人员首先设计出站点的站点结构，然后规划站点所需功能、内容结构页面等，经客户确认后才能进行下一步的操作。在这一过程中，需要与客户紧密合作，认真分析客户提出的需求以减少后期再变更的可能性。

2．实现阶段

在功能、内容结构页面被确认后，可以将功能、内容结构页面交付给美工人员进行美术设计，随后再让客户通过设计界面进行确认，当客户对美术设计确认以后可以开始为客户制作静态站点。再次对客户进行演

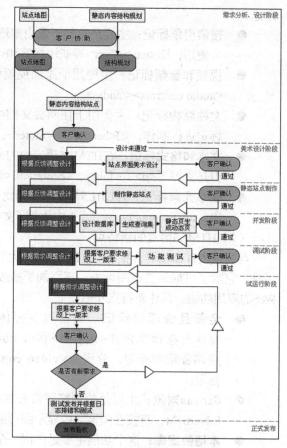

图1-14　商业网站开发流程图

示，在此静态站点上直至将界面设计和功能修改到客户满意为止。随后进行数据库设计和编码开发。

3．发布阶段

整个网站制作完成后，需要先对网站进行测试，如网页的美观度、易用性、是否有编码错误等。测试通过后即可试运行，试运行阶段编码人员还需根据收集到的日志进行排错、测试，直至最后交付客户使用。

1.2.2　网站制作流程

网站制作需要进行许多准备工作，如收集资料和素材、规划站点等。做好这些准备工作后，才能正式开始制作网页。最后还需测试站点并进行网站的发布，以及对发布站点进行更新和维护等操作。

1．收集资料和素材

在制作网页前应先收集要用到的文字资料、图片素材及用于增添页面特效的动画等元素，并将其分类保存在相应的文件夹中。若制作婚纱摄影网站，则需要提供有关该企业的文字材料，如品牌文化、权责声明，以及与婚纱摄影有关的图片等；若制作个人网站，则应收集个人简历、爱好等方面的材料，然后将收集到的素材和资料分类保存，在需要使用时就可

以方便地调用。

2．规划站点

在规划站点时，应按站点所包含的内容进行分类（即确定导航）。制作一个婚纱摄影网站，其包含的频道非常多，如"首页""服装""内景""外景"和"客片"等，而频道下又划分了许多小栏目，比如"服装"频道中设有"婚纱""礼服"和"配饰"等小栏目。在前期制作时只需精确到各频道下的小栏目即可。

何时向客户收取网页制作费用

通常在网站草图确定后，网页效果图设计期间就可以先预算网站制作费用、域名与虚拟主机费用以及后期维护和技术支持费用等。

3．设计效果图

站点规划完成后，可将草图发给客户查看，沟通后就可以设计网页效果图了，与传统的平面设计相同，效果图通常使用Photoshop进行界面设计，利用其图像处理上的优势制作多元化的效果图，最后将图片进行切片并导出为网页，最后送给客户确认效果。

4．制作网页

当一切准备工作完成后，就可以进行网页制作了。在制作时，应考虑以下几个方面。

● **创建页面框架**：将网页划分后，进行页面布局。
● **创建导航条**：一般的导航条都被放置在页面的上部或者左侧。
● **填充内容**：将图片和文本等合理地分配到网页的各页面中。
● **创建超链接**：将各个页面进行链接，方便用户浏览网页内容。

网页制作完成后，将其发送给客户最终确认网站功能和效果。

5．测试站点

在发布站点前需先对站点进行测试，通常可根据客户端要求和网站大小等进行测试。测试方法通常是将站点移到一个模拟调试服务器上，在测试站点时，应注意以下几点。

● 在创建网站的过程中，各站点重新设计、重新调整可能会使指向页面的超链接被移动或删除。此时可运行超链接检查报告，测试超链接是否有断开的情况。
● 监测页面的文件大小以及下载速度。
● 对浏览器兼容性的检查，使页面原来不支持的样式、层和插件等在浏览器中能兼容且功能正常。使用"检查浏览器"功能，自动将访问者重新定向到另外的页面，此方法可解决在较早版本的浏览器中无法运行页面的问题。
● 在不同的浏览器和平台上预览页面，可以查看网页布局、字体大小、颜色和默认浏览器窗口大小等。

6．发布站点

发布站点前需要在Internet上申请一个主页空间，指定网站或主页在Internet上的位置。发布站点时可使用SharePoint Designer或Dreamweaver对站点进行发布，也可使用FTP（文件传输协议）软件将文件上传到服务器申请的网址目录下。

7．更新和维护站点

将站点上传到服务器后，需要每隔一段时间对站点中的某些页面进行更新，保持网站内容的新鲜感以吸引更多的浏览者。此外，还应定期打开浏览器检查页面元素和各种超链接是否正常，以防止死链接情况的存在，此外还需要检测后台程序是否被不速之客所篡改或注入，以便进行即时的修正。

1.2.3 常用网页制作软件

一个好的网页常包含文本、图像、动画、音乐以及视频等多种对象，因此在制作过程中需要结合多种软件进行网页编辑、动画制作、图像处理等。下面对这些常用软件进行详细介绍。

1．Photoshop CS6图像处理软件

Adobe Photoshop CS6是Adobe公司旗下最为出名的图像处理软件之一，它是集图像扫描、编辑修改、图像制作、广告创意，图像输入与输出于一体的图形图像处理软件，深受广大平面设计人员和网页美工设计师的喜爱。图1-15所示为Photoshop CS6主界面。

图1-15　Photoshop CS6主界面

Photoshop CS6工作界面中各部分作用如下。

- **菜单栏**：菜单栏集合了该软件中的各种应用命令，从左至右依次为文件、编辑、图像、图层、文字、选择、滤镜、3D、视图、窗口和帮助11个菜单，用户只需要了解各菜单中命令的特点，就能够很容易地掌握这些菜单中的命令。

- **窗口控制按钮**：菜单栏后面有一排按钮，可用于窗口大小的缩放和还原，依次单击 ▬ 、 ▢ 、 ▣ 和 ✕ 按钮可最小化、最大化、还原和关闭窗口。

- **工具属性栏**：在工具箱中选择某个工具后，菜单栏下方的工具属性栏就会显示当前工具对应的属性和参数，用户可以通过设置这些参数来调整工具的属性。在工具箱中选择不同的工具后，工具属性栏中的各参数选项也会随着当前工具的改变而变化。

- **工具箱**：工具箱中集合了图像处理过程中需要经常使用的工具，使用它们可以进行绘制图像、修饰图像、创建选区以及调整图像显示比例等操作。

- **面板组**：面板组是在Photoshop CS6中进行颜色选择、图层编辑、通道新建、路径编辑和编辑撤销等操作的一些功能面板，是Photoshop CS6中重要的组成部分。这些面板集合显示在工作界面右侧，统称为面板组。

● **图像窗口**：图像窗口是对图像进行浏览和编辑操作的主要区域，它主要由标题栏、图像编辑区和状态栏组成。其中标题栏主要显示当前图像文件的文件名称、文件格式、显示比例和图像色彩模式等信息；图像编辑区用于显示当前浏览或编辑的图像，是进行图像编辑和处理的场所；状态栏位于图像窗口的底部，状态栏最左侧显示当前图像窗口的显示比例。

2．Dreamweaver CS6网页制作软件

Adobe Dreamweaver CS6是Adobe公司开发集网页制作和管理网站于一体的所见即所得网页编辑软件，它是第一套针对专业网页设计师特别发展的视觉化网页开发工具，利用它可以轻而易举地制作出跨越平台限制和浏览器限制的充满动感的网页。它的最大特点就是能够快速创建各种静态、动态网页，除此之外它还是一个出色的网站管理、维护软件，图1-16所示为Dreamweaver CS6的主界面。

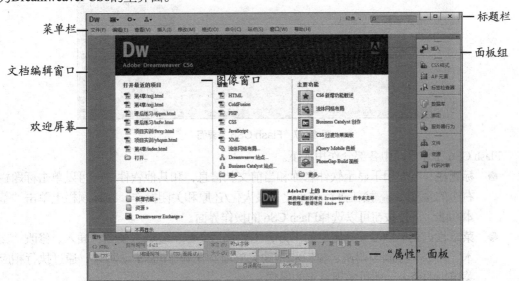

图 1-16 Dreamweaver CS6 主界面

Dreamweaver CS6工作界面中各部分作用如下。

● **标题栏**：在"设计器"下拉列表中可选择窗口显示模式，默认为"设计器"，而最右侧的窗口控制按钮可对窗口进行最小化、最大化/恢复和关闭操作。

● **菜单栏**：菜单栏中集合了几乎所有Dreamweaver操作的命令，通过各项命令，可以完成窗口设置及网页制作的各种操作。

● **文档编辑窗口**：它是Dreamweaver的主要部分，当打开网页文档进行编辑时，在文档编辑窗口中会显示编辑的文档内容。

● **欢迎屏幕**：启动Dreamweaver时会在文档编辑窗口前方显示欢迎屏幕，通过该屏幕用户可快速打开最近打开过的文档，也可快速创建各种类型的文档。

● **面板组**：面板组是停靠在编辑窗口右侧的各种设置和快捷操作的集合，用户可自定义某些功能是否在面板组中显示。

● **"属性"面板**："属性"面板位于Dreamweaver CS6窗口底部，在编辑网页文档时，

主要用于设置和查看所选对象的各种属性。不同网页对象，其"属性"面板的参数设置项目也不同。

3．Flash CS6动画制作软件

Adobe Flash CS6是Adobe开发的二维动画软件，主要用于设计和编辑Flash动画，如图1-17所示为Flash CS6的主界面。它附带Adobe Flash Player播放器，用于支持Flash动画的播放。

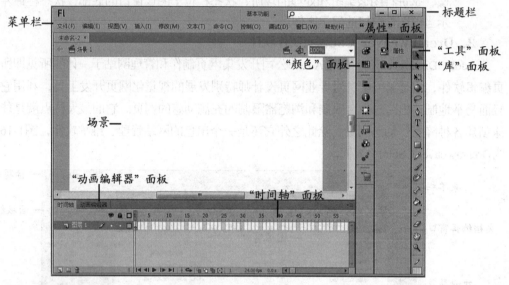

图1-17　Flash CS6主界面

Flash CS6工作界面中各部分作用如下。

- **标题栏**：主要用于显示软件名称和当前文档信息，和其他软件一样可以单击标题栏右边的 ▭▢✕ 按钮进行最小化、最大化/还原和关闭操作。在标题栏上单击"基本功能"下拉按钮可以选择Flash CS6的操作界面。
- **菜单栏**：菜单栏位于标题栏的下方，主要包括文件、编辑、视图、插入、修改、文本、命令、控制、调试、窗口和帮助菜单项。在制作Flash动画时，通过执行相应菜单中的命令，即可实现特定的操作。
- **"时间轴"面板**：用于创建动画和控制动画的播放进程。"时间轴"面板左侧为图层区，该区域用于控制和管理动画中的图层；右侧为帧控制区，由播放指针、帧、时间轴标尺和时间轴视图等部分组成。
- **"动画编辑器"面板**：使用该面板，在动画的基础上更加精确地编辑动画效果，方便调整各个属性；通过关键帧导航按钮创建和删除关键帧，并方便在各关键帧之间跳转，是更高级的缓动控制方式。
- **"颜色"面板**：主要用于绘图颜色的填充以及对颜色的编辑。
- **"属性"面板**："属性"面板是一个非常实用而又特殊的面板，有特定的参数选项，而且会随着选择对象的不同而出现不同的参数，以方便用户设置对象的属性。
- **"库"面板**：主要用于管理图形、影片剪辑、按钮、位图、声音以及动画片段等。
- **"工具"面板**：主要由编辑、创建功能的工具以及工具的相应选项组成，可用于绘制、选择、修改图形、绘图和填充图形等。
- **场景**：是指动画的显示区域。

1.2.4　创建本地站点

用户进行网页编辑的目录，以及与网页有关的所有文件都必须存放在站点中，以便进行管理。下面为落帆婚纱创建本地站点，其具体操作如下。

（1）启动Dreamweaver CS6，选择【站点】/【新建站点】菜单命令，打开"站点设置对象未命名站点2"对话框。

（2）在"站点名称"文本框中输入"lfhs"，单击"本地站点文件夹"文本框右侧的"浏览文件夹"按钮📁，如图1-18所示。

（3）打开"选择根文件夹"对话框，在"选择"下拉列表框中选择F盘中事先创建好的"wangye"文件夹，单击 选择(S) 按钮，返回站点设置对象对话框，单击 保存 按钮。

（4）稍后在面板组的"文件"面板中即可查看到创建的站点，如图1-19所示。

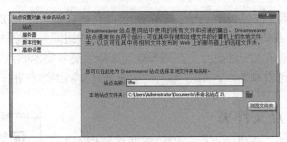

图1-18　设置站点名称

图1-19　创建的站点

1.2.5　编辑站点

编辑站点是指对站点的参数重新进行设置。下面编辑"lfhs"站点，输入URL地址，其具体操作如下。

（1）选择【站点】/【管理站点】菜单命令，或在"文件"面板中单击"管理站点"超链接，打开"管理站点"对话框，在列表框中选择"lfhs"选项，单击"编辑"按钮✏，如图1-20所示。

（2）在打开的对话框左侧选择"高级设置"选项，在展开的列表中选择"本地信息"选项，在"Web URL"文本框中输入"http://localhost/"，然后单击 保存 按钮，如图1-21所示。

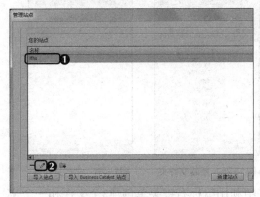

图1-20　编辑"lfhs"站点

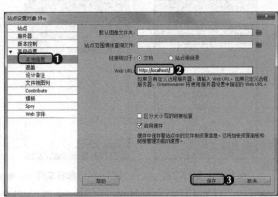

图1-21　设置Web URL

15

为什么要设置Web URL

指定Web URL后，Dreamweaver才能使用测试服务器显示数据并连接到数据库，其中测试服务器的Web URL由域名和Web站点主目录的任意子目录或虚拟目录组成。

（3）打开提示对话框，单击 确定 按钮确认，如图1-22所示。

（4）单击 完成(D) 按钮关闭"管理站点"对话框。

图1-22　确认设置

如何复制和删除站点

打开"管理站点"对话框，在列表框中选择要删除的站点，单击 删除(R) 按钮，在打开的提示对话框中单击 是(Y) 按钮即可删除站点。

打开"管理站点"对话框，在列表框中选择需要复制的站点选项，单击 复制(F) 按钮可复制站点，单击 编辑(E) 按钮可对复制的站点进行编辑。

1.2.6　管理站点和站点文件夹

微课视频

管理站点和站点
文件夹

为了更好地管理网页和素材，新建站点后，用户需要将制作网页所需的所有文件都存放在站点根目录中。用户可以在站点中进行站点文件或文件夹的添加、移动和复制、删除重命名操作，下面对"lfhs"站点进行管理，其具体操作如下。

（1）在"文件"面板的"站点-lfhs"选项上单击鼠标右键，在弹出的快捷菜单中选择"新建文件"命令，如图1-23所示。

（2）此时新建文件的名称呈可编辑状态，输入"index"后按【Enter】键确认，如图1-24所示。

（3）继续在"站点-lfhs"选项上单击鼠标右键，在弹出的快捷菜单中选择"新建文件夹"命令，如图1-25所示。

（4）将新建的文件夹名称设置为"fuzhuang"后按【Enter】键，如图1-26所示。

图1-23　新建文件

图1-24　命名文件

图1-25　新建文件夹

图1-26　命名文件夹

（5）使用相同方法在创建的"fuzhuang"文件夹中利用鼠标右键菜单创建3个文件和一个文

件夹，其中3个文件的名称依次为"hs.html""lf.html"和"ps.html"，文件夹的名称为"img"，用于存放图片，如图1-27所示。

（6）在"fuzhuang"文件夹上单击鼠标右键，在弹出的快捷菜单中选择【编辑】/【拷贝】菜单命令，如图1-28所示。

（7）继续在"fuzhuang"文件夹上单击鼠标右键，在弹出的快捷菜单中选择【编辑】/【粘贴】菜单命令，即可将复制的文件夹粘贴到站点中，如图1-29所示。

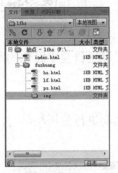  

图1-27 创建文件和文件夹　　　　　　图1-28 复制文件夹　　　　　　图1-29 粘贴文件夹

（8）在粘贴得到的文件夹上单击鼠标右键，在弹出的快捷菜单中选择【编辑】/【重命名】菜单命令，如图1-30所示。

（9）输入新的名称"neijing"，按【Enter】键打开"更新文件"对话框，单击 更新(U) 按钮，如图1-31所示。

（10）展开该文件夹，使用相同的方法为其中的文件进行重命名，然后使用相同的方法为站点创建其他文件和文件夹，完成后效果如图1-32所示。

多学一招

删除文件

　　如果复制的文件夹中包含了多余的文件，可在选择该文件选项后按【Delete】键，在打开的提示对话框中单击 是(Y) 按钮进行删除。

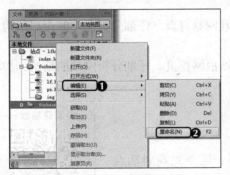  

图1-30 重命名文件夹　　　　图1-31 更新文件链接　　　　图1-32 创建其他文件
和文件夹

1.3 项目实训

1.3.1 赏析电商购物类网站

1. 实训目标

本实训的目标是对各种不同类型（如京东、网易和新浪等）的特色网站进行赏析，以加深对网页设计工作的基本理解。

微课视频

赏析电商购物类网站

2. 专业背景

随着网上购物的普及，购物类网站的网页设计也发生着变化，其中典型的变化就是界面更加丰富多样化，内容功能也更加强大。为了满足日益平民化的网络购物，电商网站也在不断进行着更新改革。

3. 操作思路

需要在浏览器中输入网站的地址进入网站首页，然后对网页的结构进行分析与学习，其操作思路如图1-33所示。

图1-33 赏析特色网站的操作思路

【步骤提示】

（1）在浏览器地址栏中输入京东网的网址，打开京东首页。京东是著名的电商购物网站，其布局、设计和功能可以说是电子商务购物网站的标杆，仔细分析网站的布局结构，并学习网站的主色调和配色方案。

（2）在浏览器地址栏中输入网易网站的网址，打开网易首页。仔细分析网站的布局结构，加深对标题正文型网站布局结构的理解。

（3）在浏览器地址栏中输入新浪网的网址，打开新浪网首页。仔细分析网站的结构，加深对国字型网站布局结构的理解。

1.3.2 规划并创建"果蔬网"站点

1. 实训目标

本实训的目标是规划并创建"果蔬网"站点，需要先规划站点的结构，明确站点每部分的分类，及分类文件夹中的页面，最后在Dreamweaver中进行站点、文件和文件夹的创建与编辑。本实训完成后的参考效果如图1-34所示。

微课视频

规划并创建"果蔬网"站点

2. 专业背景

互联网发达的今天，越来越多的人热衷于网上购物，网上购买水果、蔬菜类网站也应运而生，这类网站在设计时需注意产品的展示和布局要合理、详情页面要切合当季产品特点，以及功能要便于用户使用。

3. 操作思路

完成本实训需要先创建站点，然后在"文件"面板中新建首页文件"index.html"与新建"slgs"文件夹，在其中添加文件和文件夹，最后在该文件夹的基础上编辑，以完成站点的操作，其操作思路如图1-35所示。

图1-34 "果蔬网"站点

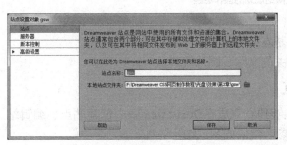  

① 创建站点   ② 创建首页和"slgs"文件夹   ③ 创建其他文件和文件夹

图1-35 "果蔬网"站点的制作思路

【步骤提示】

（1）启动Dreamweaver CS6，选择【站点】/【新建站点】菜单命令，在打开的对话框中新建"gsw"站点。

（2）在"文件"面板中新建"index.html"网页和"slgs"文件夹，在"slgs"文件夹中新建"sc.html""sg.html"网页文件和"images"文件夹。

（3）复制并粘贴"slgs"文件夹，将文件夹名称重命名为"tuangou"，并修改网页文件的名称为"dzk.html""yhq.html"。

（4）使用相同的方法，创建其他的文件夹"xssh"和"yhq"。

1.4 课后练习

本章主要介绍了网页设计与网站建设的基础知识，包括网页与网站的定义、网站与网页的类型、网站的结构、网页常用术语、色彩搭配、HTML语言、网站开发流程和常用网页制作软件，以及站点的创建、编辑和管理等。本章是基础理论知识，读者应认真学习和掌握，为后面进行网页设计与制作打下良好的基础。

练习1：规划个人网站

本练习要求对个人网站进行规划。网站主要用于展示用户的个人摄影作品、个人信息和最新动态，并且会与大家分享一些摄影作品的拍摄技巧。要求制作的网页能体现该网站的主要功能，界面设计要符合网站特色。要完成本练习需要先搜集相关的图片和文字等资料，然后制作草图并确认。站点规划草图参考思路如图1-36所示。

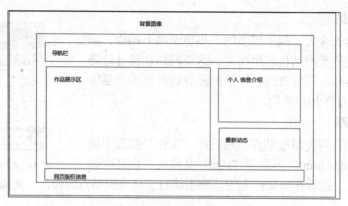

图1-36 个人网站规划的操作思路

要求操作如下。

● 根据个人需要绘制并修改网站站点基本结构。

● 绘制草图并进行确认，然后搜集相关的文字、图片资料。

练习2：创建"会展中心"站点

本练习要求创建"会展中心"站点，能够独立完成在Dreamweaver中创建站点、编辑站点和管理站点及站点文件等操作，完成后的参考效果如图1-37所示。

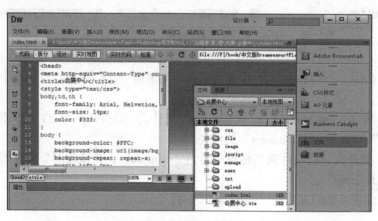

图1-37 "会展中心"站点

要求操作如下。

● 启动 Dreamweaver CS6，在标题栏中单击"站点"按钮🏠▼，在打开的下拉菜单中选择"新建站点"命令，打开"站点设置对象"对话框，在其中设置站点的名称和保存位置。

● 打开"管理站点"对话框，在其中对站点的路径进行设置，然后通过"文件"面板对站点中的文件和文件夹进行设置。

1.5 技巧提升

1．站点命名规则

网站内容的分类决定了站点中创建文件夹和文件的个数，通常网站中每个分支的所有文件统一存放在单独的文件夹中，根据网站的大小，又可进行细分。如果把图书室看作一个站点，每架书柜则相当于文件夹，书柜中的书本则相当于文件。文件夹和文件命名最好遵循以下原则，以便管理和查找。

- **汉语拼音**：根据每个页面的标题或主要内容，提取主要关键字将其拼音作为文件名，如"简介"页面文件名为"jianjie.html"。
- **拼音缩写**：根据每个页面的标题或主要内容，提取每个关键字的第一个拼音作为文件名，如"学校简介"页面文件名为"xxjj.html"。
- **英文缩写**：通常适用于专用名词。
- **英文原意**：直接将中文名称进行翻译，这种方法比较准确。

以上4种命名方式也可结合数字和符号组合使用。但要注意，文件名开头不能使用数字和符号等，也最好不要使用中文命名。

2. 网页设计师需要知道的网页设计内容

网页设计内容包括以下几方面。

- **确定网站背景和定位**：确定网站背景是指在网站规划前，需要先对网站环境进行调查分析，包括开展社会环境调查、消费者调查、竞争对手调查、资源调查等。网站定位指在调查的基础上进行进一步的规划，一般是根据调查结果确定网站的服务对象和内容。需要注意的是网站的内容一定要有针对性。
- **确定网站目标**：网站目标是指从总体上为网站建设提供总的框架大纲、网站需要实现的功能等。
- **内容与形象规划**：网站的内容与形象是网站最吸引浏览者的主要因素，与内容相比，多变的形象设计具有更加丰富的表现效果，如网站的风格设计、版式设计、布局设计等。这一过程需要设计师、编辑人员、策划人员的全力合作，才能达到内容与形象的高度统一。
- **推广网站**：网站推广是网页设计过程中必不可少的环节，一个优秀的网站，尤其是商业网站，有效的市场推广是成功的关键因素之一。

3. 网页设计需要遵循的原则

网页设计与其他设计相似，需要内容与形式统一，另外还要遵循以下原则。

- **统一内容与形式**：好的信息内容应当具有编辑合理性与形式的统一性，形式是为内容服务的，而内容需要利用美观的形式才能吸引浏览者的关注。就如同产品与包装的关系，包装对产品销售有着重大的作用。网站类型的不同，其表现风格也不同，通常表现在色彩、构图和版式等方面。如新闻网站设计时采用简洁的色彩和大篇幅的构图，娱乐网站采用丰富的色彩和个性化的排版等。总之，设计时一定要采用美观、科学的色彩搭配和构图原则。
- **风格定位**：确定网站的风格对网页设计具有决定性的作用。网站风格包括内容风格和设计风格。内容风格主要体现在文字的展现方法和表达方法上，设计风格则体现在构图和排版上。如主页风格，通常主页依赖于版式设计、页面色调处理、图文并茂等。这需要设计者具有一定的美术资质和修养。
- **CIS的使用**：CIS设计是企业识别系统，是企业、团体在形象上的整体设计，包括企业理念识别（MI）、企业行为识别（BI）、企业视觉识别（VI）三部分，VI是CIS中的视觉传达系统，对企业形象在各种环境下的应用进行了合理的规定。在网站中，标志、色彩、风格、理念的统一延续性是VI应用的重点。将VI设计应用于网页设计中，是VI设计的延伸，即网站页面的构成元素以VI为核心，并加以延伸和拓展。随着网络的发展，网站成为企业、团体宣传自身形象和传递企业信息的一个重要窗口，因此，VI系统在提高网站质量、树立专业形象等方面起着举足轻重的作用。CIS的使用还包括标准化的Logo和标准化的色彩两部分。

保持网页风格统一的设计技巧

一个简单的保持网站内部设计风格统一的方法：保持网页某部分固定不变，如Logo、徽标、商标或导航栏等，或者设计相同风格的图表或图片。通常，上下结构的网站保持导航栏和顶部的Logo等内容固定不变，需要注意的是不能陷入一个固定不变的模式，要在统一的前提下寻找变化，寻找设计风格的衔接和设计元素的多元化。

4．网站设计时的色彩联想

不同的网页色彩，能够带给浏览者不同的视觉体验和感情联想。因此在制作网页时，要合理搭配各种色彩，以突出网页的感情。

● 红色能够给人积极、热情、温暖、活力、冲动等感觉，常与吉祥、喜庆、好运相关联。

● 橙色给人朝气、活泼、积极向上、温馨、时尚等感觉，常用于时尚、食品相关的网站。

● 黄色给人快乐、希望、轻快、愉悦的感觉，能够运用在大多数类型的网站中。

● 绿色给人宁静、希望、健康、和平的感觉，具有平和心境、易于接受的感情色彩，常与自然、健康等主题相关。

● 蓝色给人冷静、沉思、智慧和宽阔等感觉，常用于商业设计类的网站，当其与白色结合使用时，还可以表达柔顺、淡雅、浪漫的感觉。

● 紫色给人高贵、奢华、优雅的感觉，常与女性化的网站相关，但其与黑色结合使用时，还能表达沉重、庄严、伤感等感觉。

● 黑色给人深沉、神秘、寂静、悲哀和压抑等感觉，常用于一些商业科技产品设计网页。

● 白色给人纯洁、真诚的感觉，常与其他主色调搭配使用。

● 灰色给人平凡、温和、嵌入的感觉，常用于一些高科技产品网页设计，以表达高级、科技的形象。

CHAPTER 2

第2章

使用Photoshop编辑网页图像

情景导入

老洪告诉米拉，使用Photoshop也是网页设计师必备的设计技能，通常用Photoshop来设计网页效果图、网页中的图片等。目前，电商类网站使用Photoshop更为频繁，其中的产品图片基本都要靠该软件进行修复和美化。

学习目标

● 掌握处理商品图片的方法。

如裁剪图片、修复商品图片、调整商品图片颜色、使用滤镜修图、抠取商品图片替换背景等。

● 掌握设计网页banner区的方法。

如使用图层调整海报、添加文字、添加图层样式等。

案例展示

▲首页全屏海报制作

2.1 课堂案例：处理商品图片展示效果

米拉想为电商网站设计效果图，老洪告诉米拉，最好先将网页中需要用到的商品展示图片设计好，这样有利于提升网页的美观度，并提高界面效果图的制作效率。本例将处理一些商品图片的展示效果，完成后的部分效果如图2-1所示，下面具体讲解其制作方法。

 素材所在位置 素材文件\第2章\课堂案例1\Logo.psd、杯子.jpg、冰箱.jpg……
效果所在位置 效果文件\第2章\香水.jpg、杯子.psd、冰箱.psd……

图2-1 商品图片展示效果

2.1.1 图像处理基础知识

在进行网页图像处理前，需要先了解图像处理的基础知识，包括网页中常用的图片格式、位图、矢量图和分辨率等。

1. 网页中的图片格式

网页中的图片全部存储在网络的服务器中，用户在访问网页时通常需要将服务器中的图片下载到本地计算机缓存中才能完整显示网页，为了提高网页的浏览速度，通常会对图片的格式进行设置，减小图像的体积。

Photoshop CS6支持20多种格式的图像，并可对不同格式的图像进行编辑和保存。下面分别介绍常见的文件格式，其中，网页中常用的图片格式为前3种。

● **JPEG（*.jpg）格式**：JPEG是一种有损压缩格式，支持真彩色，生成的文件较小，是常用的图像格式之一。JPEG格式支持CMYK、RGB、灰度的颜色模式，但不支持Alpha通道。在生成JPEG格式的文件时，可以通过设置压缩的类型，产生不同大小和质量的文件。压缩越大，图像文件就越小，相应的图像质量就越差。

● **GIF（*.gif）格式**：GIF格式的文件是8位图像文件，最多为256色，不支持Alpha通道。GIF格式的文件较小，常用于网络传输，在网页上见到的图片大多是GIF和JPEG格式的。GIF格式与JPEG格式相比，其优势在于GIF格式的文件可以保存动画效果。

- **PNG（*.png）格式：** GIF格式文件虽小，但在图像的颜色和质量上较差，而PNG格式可以使用无损压缩方式压缩文件，它支持24位图像，产生的透明背景没有锯齿边缘，所以可以产生质量较好的图像效果。
- **PSD（*.psd）格式：** 由Photoshop软件自身生成的文件格式，是唯一能支持全部图像色彩模式的格式。以PSD格式保存的图像可以包含图层、通道、色彩模式等信息。
- **TIFF（*.tif；*.tiff）格式：** TIFF格式是一种无损压缩格式，便于在应用程序之间或计算机平台之间进行图像的数据交换，可以在许多图像软件之间进行转换。TIFF格式支持带Alpha通道的CMYK、RGB、灰度文件，支持不带Alpha通道的Lab、索引颜色、位图文件。另外，它还支持LZW压缩。
- **BMP（*.bmp）格式：** 用于选择当前图层的混合模式，使其与下面的图像进行混合。
- **EPS（*.eps）格式：** EPS可以包含矢量和位图图形，其最大的优点在于可以在排版软件中以低分辨率预览，而在打印时以高分辨率输出。不支持Alpha通道，可以支持裁切路径，支持Photoshop所有的颜色模式，可用来存储矢量图和位图。在存储位图时，还可以将图像的白色像素设置为透明的效果，并且在位图模式下也支持透明效果。
- **PCX（*.pcx）格式：** PCX格式与BMP格式一样支持1~24bit的图像，并可以用RLE的压缩方式保存文件。PCX格式还可以支持RGB、索引颜色、灰度、位图的颜色模式，但不支持Alpha通道。
- **PDF（*.pdf）格式：** PDF格式是Adobe公司开发的用于Windows、MAC OS、UNIX、DOS系统的一种电子出版软件的文档格式，适用于不同平台。该格式文件可以存储多页信息，其中包含图形和文本的查找和导航功能。因此，使用该软件不需要排版或图像软件即可获得图文混排的版面。由于该格式支持超文本链接，因此是网络下载经常使用的文件格式。
- **PICT（*.pct）格式：** PICT格式被广泛用于Macintosh图形和页面排版程序中，是作为应用程序间传递文件的中间文件格式。PICT格式支持带一个Alpha通道的RGB文件和不带Alpha通道的索引、灰度、位图文件。PICT格式对于压缩大面积单色的图像非常有效。

2．位图

位图也称像素图或点阵图，是由多个像素点组成的。将位图尽量放大后，可以发现图像是由大量的正方形小块构成，不同的小块上显示不同的颜色和亮度。网页中的图像基本上以位图为主。

3．矢量图

矢量图又称向量图，是以几何学进行内容运算、以向量方式记录的图像，以线条和色块为主。矢量图形与分辨率无关，无论将矢量图放大多少倍，图像都具有同样平滑的边缘和清晰的视觉效果，更不会出现锯齿状的边缘现象，且文件尺寸小，通常只占用少量空间。矢量图在任何分辨率下均可正常显示或打印，而不会损失细节。因此，矢量图形在标志设计、插图设计及工程绘图上占有很大的优势。其缺点是所绘制的图像一般色彩简单，也不便于在各种软件之间进行转换使用。

4．分辨率

分辨率是指单位面积上的像素数量。通常用像素/英寸或像素/厘米表示，分辨率的高低直接影响图像的效果，单位面积上的像素越多，分辨率越高，图像就越清晰。分辨率过低会导致图像粗糙，在排版打印时图片会变得非常模糊，而较高的分辨率则会增加文件的大小，并降低图像的打印速度。

认识屏幕分辨率

屏幕分辨率是指分辨图像的清晰度，分辨率越高，像素点则会越多，则显示的图像就更清晰。

在网页设计中，屏幕分辨率直接影响网页的尺寸。就目前而言，1280像素×1024像素和1024像素×768像素的屏幕分辨率是最常用的，设计的网页看起来也相当美观。一般手机屏幕常用的分辨率为320像素×480像素；智能手机常用的分辨率为480像素×800像素，最高可达到1920像素×1080像素；平板电脑显示屏常用分辨率为768像素×1024像素；17寸计算机显示屏幕常用分辨率为1024像素×768像素；19寸计算机显示屏幕常用分辨率为1280像素×1024像素。

2.1.2 旋转并裁剪商品图片

有时客户提供的素材图片会出现产品倾斜、尺寸不对等问题，此时可使用裁剪工具对其进行修剪。下面对花瓶图片先使用裁剪工具进行旋转，然后将其裁剪为正方形，其具体操作如下。

微课视频
旋转并裁剪商品图片

（1）启动Photoshop CS6，选择【文件】/【打开】菜单命令，在打开的"打开"对话框中选择"花瓶.jpg"，单击 打开(O) 按钮打开图片，如图2-2所示，观察发现拍摄的商品图片存在倾斜现象。

（2）在工具箱中选择"裁剪工具" ，将鼠标放在右上角定界框外侧，当鼠标指针变为 箭头时，按住鼠标旋转图像，当旋转到适当位置后，释放鼠标，如图2-3所示。

图2-2 打开图像

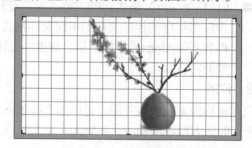

图2-3 旋转图像

（3）确定正确的角度后按【Enter】键完成矫正操作，效果如图2-4所示。

（4）在"裁剪工具" 的工具栏中单击 不受约束 按钮，在弹出的下拉列表中选择"大小和分辨率"选项，如图2-5所示。

图2-4 旋转图像后的效果

图2-5 选择选项

（5）打开"裁剪图像大小和分辨率"对话框，设置宽度为"530"像素，高度为"428"像素，再设置分辨率为"72"像素/厘米，单击 <u>　　确定　　</u> 按钮，如图2-6所示。

（6）返回图像编辑区，即可发现图像中已经出现裁剪框，按住鼠标左键拖曳，调整裁剪框在图像中的位置，如图2-7所示。

（7）确定裁剪区域后按【Enter】键完成裁剪操作，按【Ctrl+S】组合键保存文件，效果如图2-8所示。

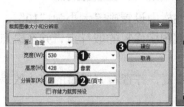 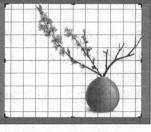 

图2-6　设置裁剪大小和分辨率　　　图2-7　调整裁剪框位置　　　图2-8　查看效果

2.1.3　修复商品图片

若客户提供的图片存在杂点、划痕、破损、瑕疵等问题，那么可以使用Photoshop来进行修复，修复产品图片可通过污点修复画笔工具组、图章工具组、模糊工具组、减淡工具组来完成。

1. 处理模特瑕疵

下面打开"服装模特.jpg"商品图片，处理模特的脸部瑕疵，让模特展现出的效果更加完美，其具体操作如下。

（1）打开素材文件"服装模特.jpg"，按【Ctrl+J】组合键复制图层，如图2-9所示。

（2）选择复制的图层，并按住【Alt】键向上滚动鼠标中间的滚轮，放大人物的脸部，此时发现人物脸部皮肤粗糙，并且有斑点。在工具箱中选择"污点修复画笔工具" ，在工具属性栏中设置画笔大小为"20"，并将鼠标光标移动到额头处，如图2-10所示。

  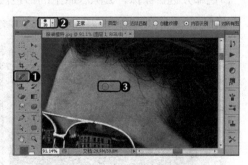

图2-9　打开图像　　　　　　图2-10　设置污点修复画笔属性

（3）选择一个斑点单击并向下拖曳，即可将斑点进行处理。使用相同的方法，处理额头的其他斑点并查看完成后的效果，如图2-11所示。

（4）向下滚动鼠标滚轮向下移动，可发现脸部皮肤更加粗糙，这里继续使用污点修复画笔工具进行涂抹，使其整个脸部显得光滑，如图2-12所示。

图2-11　处理额头斑点　　　　　　　　　　图2-12　处理面部污点

（5）在工具箱中选择"修复画笔工具" ，在工具属性栏中设置画笔大小为"10"。在鼻子上比较平滑处，按住【Alt】键并单击鼠标，获取图像修复的取样点，并在斑点和不平滑处拖曳，修复斑点，如图2-13所示。

（6）使用相同的方法，继续对人物的脸部进一步进行修复，并查看完成后的整体效果，如图2-14所示。

图2-13　处理鼻子斑点　　　　　　　　　　图2-14　查看面部处理效果

（7）滚动鼠标中间的滚轮将图像调整到人物的衣服处，在工具箱中选择"仿制图章工具" ，在工具属性栏中设置画笔大小为"30"，按住【Alt】键在人物衣服上确定一点并单击，获取取样点，如图2-15所示。

（8）拖曳鼠标对白色区域进行涂抹，即可去除白色的部分。使用相同的方法对衣服上的其他白色部分进行涂抹，去除衣服上的白色污点，如图2-16所示。

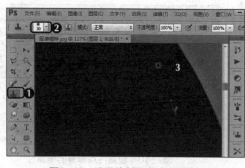

图2-15　设置仿制图章工具属性　　　　　　图2-16　处理衣服瑕疵

（9）在工具箱中选择"锐化工具" ，在工具属性栏中设置画笔大小为"300"，强度为"50%"，对人物的衣服进行涂抹，加深轮廓，从而体现其质感，如图2-17所示。

（10）按【Ctrl+M】组合键，打开"曲线"对话框，设置输出和输入分别为"170"和"110"，单击 确定 按钮，如图2-18所示。

（11）返回图像编辑区，可发现人物变得更加帅气，按【Ctrl+S】组合键保存图像，并查看
　　完成后的效果，如图2-19所示。

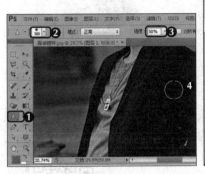

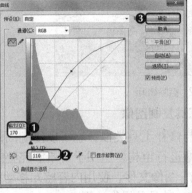

图2-17　锐化衣服　　　　　　　　　图2-18　调整曲线　　　　　　　　　图2-19　查看效果

修复工具使用技巧

　　在修复的过程中，可不断重新进行取样，使修复的内容与原图像的融合效果更好。并且在取样过程中，最好将图像像素放大，以便查看最接近于修复区域的像素，使图像修复后的效果更加逼真。

2.使用修补工具处理产品背景

　　修补工具是使用最频繁的修复工具之一。下面将对"酒水.jpg"图片使用修补工具去除上面多余的树叶，其具体操作如下。

（1）打开素材文件"酒水.jpg"，如图2-20所示。

（2）在工具箱中选择"修补工具" ，在工具属性栏中设置修补为
　　"内容识别"，在图像编辑区中选择一处树叶，按住鼠标左键
　　不放，拖曳鼠标框选树叶区域，此时框选处变为选区，如图2-21
　　所示。

图2-20　打开素材图片　　　　　　　　　图2-21　设置属性并框选树叶

（3）将鼠标指针移至选区内，当鼠标光标变为 时单击向上进行拖曳，释放鼠标即可看见
　　瑕疵已修复，如图2-22所示。

（4）使用相同的方法，修复其他区域的树叶并查看修复完成后的效果，如图2-23所示。

图2-22 擦除树叶

图2-23 查看效果

3. 使用内容感知工具复制图像

内容感知移动工具与修补工具类似，它可以复制图像中的其他区域，对所选选区中的图像进行重构，适用于对不够完整的图片进行补充。下面打开"酒瓶.jpg"图像文件，使用内容感知移动工具将右侧酒瓶复制到左侧的空白区域，其具体操作如下。

（1）打开素材文件"酒瓶.jpg"，如图2-24所示。

（2）在工具箱中选择"内容感知移动工具" ，在工具属性栏中设置
模式和适应分别为"扩展"和"中"，在需要复制的酒瓶处单击确定一点，按住鼠标
左键不放，拖曳鼠标框选需要复制的区域，如图2-25所示。

图2-24 打开素材图片

图2-25 设置属性并框选酒瓶

（3）将鼠标指针移至选区内，单击并拖曳图像至合适位置，释放鼠标即可看见框选的区域已
经移动并复制到对应的位置，如图2-26所示。

（4）按【Ctrl+D】组合键取消框选，保存图像查看完成后的效果，如图2-27所示。

图2-26 移动并复制酒瓶

图2-27 查看效果

4. 使用图案图章工具美化冰箱

使用图案图章工具可以将Photoshop CS6自带的图案或自定义的图案填充到图像中。下

面打开"冰箱.jpg"图像文件，对绘制的冰箱添加图案，使其更具有质感，其具体操作如下。

（1）打开素材文件"冰箱.jpg"，按【Ctrl+J】组合键，复制图层，在工具箱中选择"快速选择工具" 🖌，使用鼠标在图像上拖曳，选择银色冰箱区域，如图2-28所示。

（2）在工具箱中选择"图案图章工具" 🎨，在工具属性栏中设置模式为"叠加"，单击"图案"右侧的下拉按钮，在弹出的下拉列表中单击 ⚙ 按钮，再在弹出的下拉列表中选择"图案"选项，在打开的提示框中单击 确定 按钮，如图2-29所示。

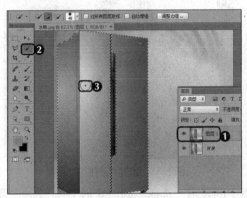

图2-28　创建选区

图2-29　设置图案图章工具属性

（3）在"图案"下拉列表中选择"编织"选项，使用鼠标在选区中进行涂抹添加图案。按【Ctrl+D】组合键取消选区，如图2-30所示。

（4）打开素材文件"文字.psd"，将其中的文字图层拖曳到添加图案的图像中，保存图像并查看完成后的效果，如图2-31所示。

图2-30　替换选区图案

图2-31 添加文字效果

2.1.4　使用液化滤镜处理图片

液化滤镜可以对图像的任何部分进行各种各样类似液化效果的变形处理，如收缩、膨胀、旋转等，多用于人物修身。下面将使用液化滤镜对人物进行处理，使人物更加婀娜多姿，其具体操作如下。

（1）打开素材文件"美女1.jpg"，按【Ctrl+J】组合键复制背景图层，选择【滤镜】/【液化】菜单命令，打开"液化"对话框，如图2-32所示。

（2）在"液化"对话框中设置图像的显示为"100%"，观察发现，人物的腹部有赘肉，因此在对话框左上角选择"褶皱工具"，在"画笔大小"数值框中输入"500"，在人物腹部处单击鼠标，使其向内收缩，同时达到细腰效果，如图2-33所示。

微课视频
使用液化滤镜处理图片

图2-32　选择"液化"命令

图2-33　设置"液化"对话框

（3）调整图像的显示比例，放大脸部在预览框中的显示，选择"向前变形工具"，调整画笔的大小，在人物脸上拖曳鼠标，缩小脸型。调整脸型时，要根据实际情况拖曳鼠标，如要让脸型变尖，则向内拖曳鼠标，让脸型变圆则向外拖曳鼠标，如图2-34所示。

（4）选择"向前变形工具"，调整画笔的大小，在人物手臂上向手臂内侧拖曳鼠标瘦胳膊。拖曳时，可将鼠标光标置于胳膊曲线外调整胳膊粗细。

（5）在"液化"对话框中单击 确定 按钮，返回图像编辑窗口，即可看到液化后的效果，如图2-35所示。

图2-34　修饰脸型

图2-35　查看效果

2.1.5　调整图片颜色

大多素材在使用时图像色彩不一定符合当前网页实际的需要，因此可对图片的颜色进行调整。下面将处理户外旅行包产品图片，在处理时先对旅行包的亮度、对比度和色彩进行调整，使其显示效果更佳，然后为其添加背景，达到吸引消费者点击的目的，其具体操作如下。

（1）打开素材文件"旅行包.jpg"，如图2-36所示。

（2）选择【图像】/【调整】/【亮度/对比度】菜单命令，打开"亮度/对比度"对话框，在其中设置亮度和对比度分别为"60"和"30"，单击 确定 按钮，如图2-37所示。

图2-36　打开素材

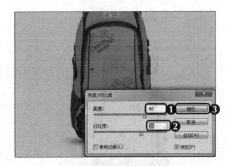
图2-37　设置亮度和对比度

（3）选择【图像】/【调整】/【色阶】菜单命令，打开"色阶"对话框，在其中设置色阶值分别为"0""1.00""190"，单击 确定 按钮，如图2-38所示。

（4）选择【图像】/【调整】/【曲线】菜单命令，打开"曲线"对话框，创建两个不同的点，分别拖曳点对图像进行调整，完成后单击 确定 按钮，如图2-39所示。

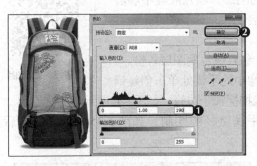
图2-38　设置色阶

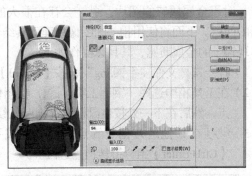
图2-39　设置曲线

（5）选择【图像】/【调整】/【曝光度】菜单命令，打开"曝光度"对话框，设置曝光度、位移和灰度系数校正为"+0.21""+0.0040""0.72"，单击 确定 按钮，如图2-40所示。

（6）选择【图像】/【调整】/【色相/饱和度】菜单命令，打开"色相/饱和度"对话框，并设置色相、饱和度分别为"+20"和"−10"，单击 确定 按钮，如图2-41所示。

（7）在工具箱中选择"魔棒工具" ，在空白处单击，对空白区域创建选区，再按【Ctrl+Shift+I】组合键反选选区，即可选择旅行包图像，如图2-42所示。

（8）打开素材文件"旅行包背景.psd"，将旅行包拖曳到背景中，调整图像位置和大小，保存图像并查看完成后的效果，如图2-43所示。

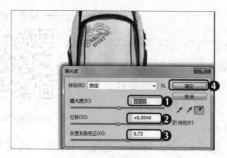

图2-40　设置曝光度

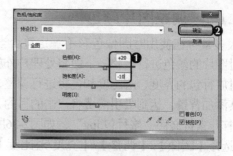

图2-41　设置色相饱和度

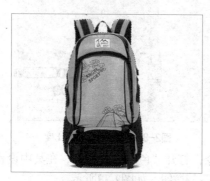

图2-42　创建选区

图2-43　添加素材效果

2.1.6　使用滤镜处理图片

微课视频

使用滤镜处理图片

对于金属质感的图片，可能会存在很大的阴影，以及纹理不够清晰的问题。下面将使用相关的图像处理工具结合滤镜来修复图片，使其体现镯子的金属质感，其具体操作如下。

（1）打开素材文件"手镯.jpg"，按【Ctrl+J】组合键复制图层备份。

（2）在工具箱中选择"钢笔工具" ，在图像中的手镯处单击创建锚点，然后在下一处按住鼠标左键拖曳弧线捕捉镯子边缘，如图2-44所示。

（3）继续在其他地方创建锚点路径，完成手镯路径的绘制，如图2-45所示，绘制后按【Ctrl+Enter】组合键转换为选区。

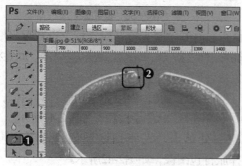

图2-44　绘制路径

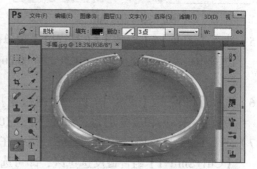

图2-45　完成手镯路径绘制

（4）按【Ctrl+J】组合键复制抠取的镯子，再按【Ctrl+Shift+U】组合键进行去色处理，在

"图层"面板中单击 ▣ 按钮，新建图层并填充为白色，完成后将其移动到抠取图层的下方，如图2-46所示。

（5）选择【滤镜】/【锐化】/【USM锐化】菜单命令，打开"USM锐化"对话框，设置锐化数量与锐化半径分别为"120%"和"2.0"，单击 ▭确定 按钮，如图2-47所示。

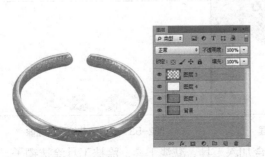

图2-46　替换背景颜色

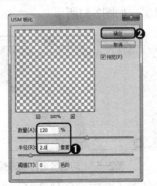

图2-47　进行USM锐化

（6）继续使用USM锐化进行操作，并查看锐化后的效果，如图2-48所示。

（7）放大镯子图片，使用钢笔工具创建需要涂抹的选区，按【Shift+F6】组合键，打开"羽化选区"对话框，设置羽化半径为"3"，单击 ▭确定 按钮，如图2-49所示。

图2-48　查看锐化后的效果

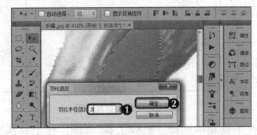

图2-49　羽化选区

（8）在工具箱中选择"涂抹工具" ▨ ，在工具属性栏中设置画笔大小为"25"，强度为"100%"，涂抹选区，使选区的颜色更加平滑，如图2-50所示。

（9）在工具箱中选择"减淡工具" ▨ ，在工具属性栏中设置画笔大小为"25"，范围为"高光"，曝光度为"100%"，涂抹需要提亮的部分，使手镯更有质感，如图2-51所示。

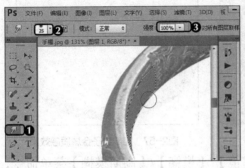

图2-50　涂抹选区

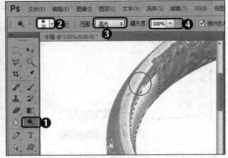

图2-51　减淡选区

（10）选择"加深工具" ▨ ，在工具属性栏中设置画笔大小、范围和曝光度分别为"40"、

"中间调"和"50%"，涂抹需要变暗的部分，使其更加具有明暗对比度，如图2-52所示。

（11）使用相同的方法，结合选区的创建、加深工具、减淡工具、涂抹工具、画笔工具涂抹镯子上的花纹，使花纹明暗对比明显，再为花纹创建选区，并抠取花纹图像到新建的图层，如图2-53所示。

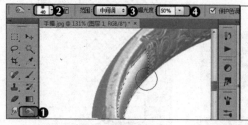

图2-52　对选区进行加深处理　　　　　　图2-53　创建的花纹选区图像

（12）选择镯子图层，创建选区，结合加深工具、减淡工具、涂抹工具涂抹镯子，使其更具有质感，如图2-54所示。

（13）新建图层，使用钢笔工具绘制阴影图形，填充为黑色，如图2-55所示。

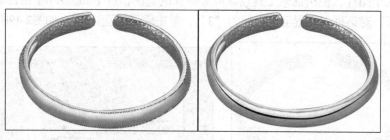

图2-54　增加金属质感　　　　　　图2-55　填充黑色

（14）在工具箱中选择"模糊工具" ，在工具属性栏中设置画笔大小为"25"，对绘制的阴影部分进行涂抹，使其过渡更加美观，如图2-56所示。

（15）将花纹图层移到最顶层，按【Ctrl+Shift+E】组合键合并花纹图层与镯子图层。使用相同的方法继续处理镯子的其他部分。进行减淡、加深处理，使镯子更加具有质感，如图2-57所示。

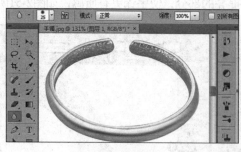

图2-56　模糊阴影　　　　　　图2-57　完成镯子金属质感效果

（16）复制并向下移动镯子图层，选择【滤镜】/【模糊】/【高斯模糊】菜单命令，打开"高斯模糊"对话框，设置模糊半径为"20"，单击　确定　按钮，如图2-58所示。

（17）在"图层"面板中调整图层的不透明度为"70%"，制作投影效果，如图2-59所示。

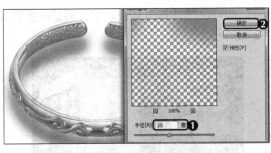

图2-58 高斯模糊手镯

图2-59 制作投影

（18）再次复制镯子图层，将其放于投影上方，并设置不透明度为"5%"，加强投影效果，完成镯子的处理，如图2-60所示。

（19）打开"手镯素材.psd"素材文件，将处理后的手镯图像移动到"手镯素材"图像文件中，调整图像位置及大小，保存图像并查看完成后的效果，如图2-61所示。

图2-60 完成手镯处理效果

图2-61 添加背景

2.1.7 抠取素材图片

在网页设计中，无论是设计效果图还是设计产品展示图，都离不开素材，这就常常需要设计者对素材进行抠图处理，下面具体介绍。

微课视频

使用工具抠取简单规则的图片

1. 使用工具抠取简单规则的图片

在处理网页中的图片时，可能需要将某一元素从素材中抠取出来进行处理，当页面颜色较为单一或所需部分较为规则时，可使用工具箱中的抠图工具，如快速选择工具组、矩形选框工具组、套索工具组等。下面打开"手机壳.jpg"图像文件，使用磁性套索工具抠取手机壳，并将其应用到背景图层中，其具体操作如下。

（1）打开素材文件"手机壳.jpg"，选择"磁性套索工具" ，设置羽化为"5"，将鼠标移动到商品边缘单击，沿着商品边缘移动鼠标自动依附创建选区，如图2-62所示。

多学一招

其他工具使用方法

矩形选框工具适用于规则边缘的图像，选择选框工具后，在图像中拖曳绘制选框即可；快速选择工具组适用于图像边缘色彩明显的图像，选择工具后，在需要选择的图像上单击即可选中图像中所有该色块的图像区域。

（2）打开素材文件"手机壳背景.jpg"，将抠取后的商品图片拖曳到背景中，调整位置和大小，保存图像并查看完成后的效果，如图2-63所示。

图2-62　绘制选区　　　　　　　　　　　　　图2-63　更换背景

2. 使用钢笔工具抠图

当遇到商品的轮廓比较复杂，背景也比较复杂，或背景与商品的分界不明显时，可使用路径来进行抠图。下面打开"杯子.jpg"商品图片，使用钢笔工具抠图，并将杂色背景换为黑色背景，其具体操作如下。

微课视频

使用钢笔工具抠图

（1）打开素材文件"杯子.jpg"，选择"钢笔工具" ，在工具属性栏中设置工具模式为"路径"，按住【Alt】键并向上滚动鼠标滚轮放大图片到合适大小，在粉红色杯子的左端单击鼠标左键确定路径起点，如图2-64所示。

（2）沿着陶瓷罐的边缘再次单击鼠标左键，确定另一个锚点，并按住鼠标左键不放进行拖曳，创建平滑点并使线条平滑，如图2-65所示。

图2-64　创建第一个锚点　　　　　　　　　　图2-65　绘制另一个锚点

（3）向上移动鼠标，单击并拖曳鼠标，创建第二个平滑点，如图2-66所示。

（4）使用相同的方法，绘制杯子的其他路径，当路径不够圆润时，可在工具箱中选择"添加锚点工具" 和"删除锚点工具" ，对锚点进行调整，使其与杯体贴合，如图2-67所示。

（5）在创建的路径上单击鼠标右键，在弹出的快捷菜单中选择"建立选区"命令，打开"建立选区"对话框，设置羽化半径为"3"，单击 确定 按钮，如图2-68所示。

图2-66 创建其他锚点

图2-67 调整锚点

（6）打开素材文件"杯子背景.psd"，将抠取后的商品图片拖曳到背景中，调整位置和大小，保存图像并查看完成后的效果，如图2-69所示。

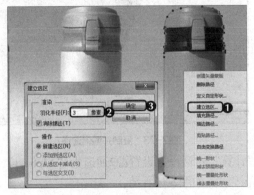

图2-68 转换为选区

图2-69 更改背景

3. 使用通道抠图

一些特殊的商品，如水杯、酒杯、婚纱、冰块、矿泉水等，使用一般的抠图工具得不到想要的透明效果，此时需结合钢笔工具、图层蒙版和通道等进行抠图。下面以抠取婚纱为例讲解半透明商品图片的抠图方法，读者可借鉴该方法进行其他半透明商品的抠图，其具体操作如下。

微课视频

使用通道抠图

（1）打开素材文件"婚纱.jpg"，按【Ctrl+J】组合键复制背景图层，得到"图层1"，如图2-70所示。

（2）在工具箱中选择"钢笔工具" ，沿着人物轮廓绘制路径，注意绘制的路径应不包括半透明的婚纱部分。打开"路径"面板，将路径保存为"路径1"，如图2-71所示。

图2-70 复制图层

图2-71 绘制路径

（3）按【Ctrl+Enter】组合键将绘制的路径转换为选区。切换到"通道"面板，单击 按钮创建出"Alpha 1"通道，如图2-72所示。

（4）复制"蓝"通道，得到"蓝 副本"通道，为背景创建选区，填充为黑色，取消选区，如图2-73所示。

图2-72　新建通道

图2-73　复制并编辑通道

（5）选择【图像】/【计算】菜单命令，打开"计算"对话框，设置源2通道为"Alpha 1"，设置混合模式为"相加"，单击 确定 按钮，如图2-74所示。

（6）查看计算通道的效果，在"通道"面板底部单击 ◉ 按钮，载入通道的人物选区，如图2-75所示。

图2-74　计算通道

图2-75　载入人物选区

（7）切换到"图层"面板中，选择图层1，按【Ctrl+J】组合键复制选区到图层2上；隐藏其他图层，查看抠取的婚纱效果，如图2-76所示。

（8）打开素材文件"婚纱背景.psd"，将人物拖放到"婚纱背景.psd"图像中，调整大小与位置，保存文件查看完成后的效果，如图2-77所示。

图2-76 查看婚纱抠图效果

图2-77 复制通道

2.1.8 为图像添加文本和形状

下面在不锈钢炒锅素材中添加文字和形状，使商品图片展现得更加直观，其具体操作如下。

微课视频

为图像添加文本和形状

（1）打开素材文件"不锈钢炒锅.psd"，在工具箱中选择"横排文字工具" T，在工具属性栏中设置字体为"黑体"，字号为"70点"，在下方的图像编辑区中输入文本"国庆中秋 双节特惠"，其中"国庆中秋"颜色为"#000000"，"双节特惠"颜色为"#de0000"，如图2-78所示。

（2）继续选择"横排文字工具" T，在工具属性栏中设置字号为"50点"，在文字下方输入文本"健康无烟 不粘炒锅"，并设置文字颜色为"#000000"，如图2-79所示。

图2-78 输入并设置文字

图2-79 输入并设置文本

（3）选择"直线工具" ⁄，在工具属性栏中设置填充颜色为"#000000"，在"国庆中秋"文字的下方绘制一条宽271像素、高3像素的直线，如图2-80所示。

（4）选择"横排文字工具" T，在文字的下方输入下图所示的文字。打开"字符"面板，设置字体为"黑体"，字号为"30点"，行距为"40点"，字距为"-20"，如图2-81所示。

（5）选择"自定形状工具" ，在工具属性栏中单击"形状"栏右侧的下拉按钮，在弹出的下拉列表中选择"选中复选框"选项，再在文本右侧绘制3个与文字对齐的复选框，并查看绘制后的效果，如图2-82所示。

图2-80　绘制直线

图2-81　输入并设置文本

（6）使用前面相同的方法，选择"直线工具"，在不锈钢炒锅的上方绘制粗细为"3像素"的直线，并在中间位置输入文本"直径30cm"，设置文字颜色为"#de0000"，字号为"24点"，如图2-83所示。

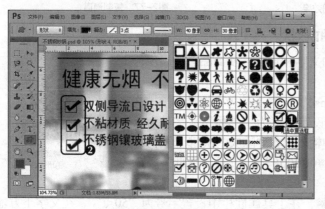

图2-82　选择形状

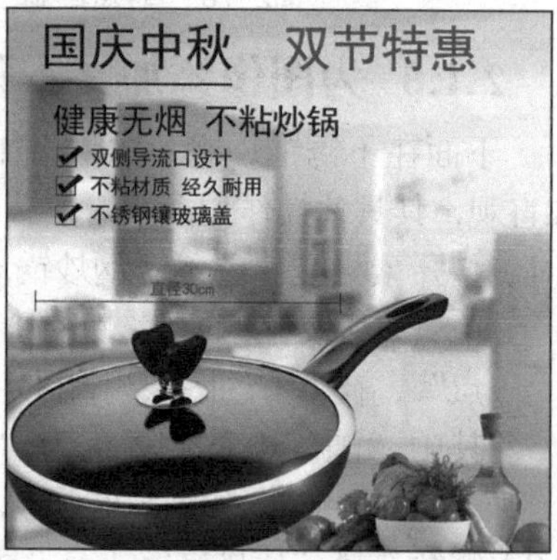

国庆中秋　双节特惠

健康无烟　不粘炒锅
☑ 双侧导流口设计
☑ 不粘材质　经久耐用
☑ 不锈钢镶玻璃盖

直径30cm

图2-83　绘制直线并输入文本

（7）选择"椭圆工具"，在工具属性栏中设置填充颜色为"#de0000"，按住【Shift】键不放，绘制直径为"214"的正圆，并在上方输入下图所示的文字，分别调整字体大小，如图2-84所示。

（8）选择"钢笔工具"，在右侧的中间位置绘制下图所示的形状，按【Ctrl+Enter】组合键创建选区，新建图层，设置前景色为"#de0000"，按【Alt+Delete】组合键，填充前景色，如图2-85所示。

图2-84　绘制椭圆

图2-85　绘制形状

（9）按【Ctrl+D】组合键取消选区。在形状的上方输入"狂欢返场"文本，设置字体为"微软雅黑"，字号为"50点"，字体颜色为"#fff503"，如图2-86所示。

（10）保存图像查看完成后的效果，如图2-87所示。

图2-86 添加文本

图2-87 查看效果

2.2 课堂案例：制作Banner区海报

老洪查看了米拉处理的网页图片后非常满意，决定将手里的一张Banner区的海报交给米拉，让她来完成制作。要完成该任务，需要使用图层、文字、图层样式等相关知识。米拉略作思考便开始动手制作了。本例的参考效果如图2-88所示，下面具体讲解其制作方法。

素材所在位置 素材文件\第2章\课堂案例2\家具素材.psd、北欧灯具.psd……
效果所在位置 效果文件\第2章\首张灯具全屏海报图.psd

图2-88 海报参考效果

2.2.1 通过图层制作海报

图层在Photoshop中是最常用的操作，也是图像处理的必备技能。下面使用图层来制作海报图像效果，其具体操作如下。

（1）新建大小为1920像素×750像素，分辨率为72像素/英寸，名为"首张灯具全屏海报图"的文件，选择"矩形工具"，在工具属性栏中设置填充颜色为"#eceaea"，在图像编辑区中绘制1920像素×650像素的矩形，如图2-89所示。

（2）打开素材文件"地板底纹.psd"，将底纹所在图层复制到图像中，按【Ctrl+T】组合键变换大小，并调整到合适位置，如图2-90所示。

微课视频

通过图层制作海报

图2-89　绘制矩形

图2-90　添加地板素材

（3）打开素材文件"家具素材.psd、北欧灯具.psd"，将其中的家具和灯具分别拖曳到图像编辑区的左侧，并调整大小和位置，如图2-91所示。

（4）新建图层，选择"画笔工具"，在工具属性栏中设置画笔大小为"50"，在灯具的顶部绘制阴影，并在"图层"面板中设置不透明度为"50%"，再将其移动到灯具图层的下方，如图2-92所示。

图2-91　添加图像素材

图2-92　调整图层顺序

2.2.2　设置图层样式

为图像添加图层样式可以制作出具有视觉冲击力的效果。下面为海报添加文本，并添加图层样式，其具体操作如下。

（1）选择"横排文字工具"，在工具属性栏中设置字体为"方正韵动粗黑简体"，字号为"70点"，颜色为"#787671"，在灯具的右侧输入文本"浪漫温馨"，如图2-93所示。

（2）双击文本图层，打开"图层样式"对话框，单击选中"投影"复选框，设置投影颜色、不透明度、距离、大小分别为"#666564""30""9""6"，单击　确定　按钮，如图2-94所示。

图2-93　添加文本

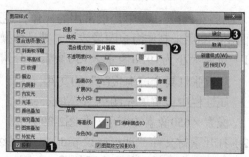

图2-94　设置投影图层样式

44

（3）栅格化文字图层。按住【Ctrl】键不放，单击栅格化后的文字图层，获取文字选区，在工具箱中选择"多边形套索工具" ，并在工具属性栏中单击 按钮，设置选区交叉，在文字上方绘制路径，设置前景色为"#fdcd1e"，按【Alt+Delete】组合键填充选区，如图2-95所示。

（4）使用相同的方法，继续创建选区并填充颜色。再次使用"横排文字工具" 输入图2-96所示的文字，并依次设置字体为"方正兰亭特黑简体""方正兰亭黑简体"和"Palatino Linotype"，调整文字大小和位置，效果如图2-96所示。

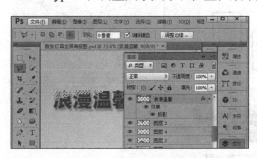

图2-95 绘制选区并填充颜色　　　　　　　　　　　　图2-96 添加文本

（5）选择"矩形工具" ，设置前景色为"#4f4d48"，在文字的下方绘制380像素×100像素的矩形，并在上方输入文字，设置文字的字体为"方正韵动粗黑简体"，分别调整单个字体大小，如图2-97所示。

（6）再次选择"矩形工具" ，设置前景色为"#9b1e14"，在矩形中绘制91像素×23像素的矩形。新建图层，选择"钢笔工具" ，在矩形的右侧绘制颜色为"#ffffff"的三角形，如图2-98所示。

图2-97 绘制矩形并添加文本　　　　　　　　　　　　图2-98 绘制形状

（7）在矩形上方输入文本"点击购买"，并设置字体为"方正兰亭黑简体"，字号为"16点"，保存图像查看完成后的效果。

2.3 项目实训

2.3.1 制作海报广告

1. 实训目标

本实训的目标是为某灯饰电商网站设计一个横幅广告。本实训完成后的参考效果如图2-99所示。

素材所在位置 素材文件\第2章\项目实训1\风景1.jpg、风景2.jpg……
效果所在位置 效果文件\第2章\全屏海报.psd

图2-99 海报广告效果

2. 专业背景

横幅广告在网页中多用于传递最新的商品信息、店铺最新优惠活动及店铺理念等。一个完美的海报不仅可以彰显网站的风格，还可以向浏览者传递出最新的信息、最新优惠活动等，可谓是一个功能齐全的首页配件。

3. 操作思路

本实训在制作时，首先需要体现中国风韵，还需要通过家具与灯具的搭配，体现灯具的展现效果，最后通过文字的说明，对灯具进行简单的描述，其操作思路如图2-100所示。

① 合成图像效果

② 添加文字说明信息

图2-100 海报广告操作思路

【步骤提示】

（1）新建大小为1920像素×750像素、分辨率为72像素/英寸、名称为"全屏海报"的图像文件，打开素材文件"风景1.jpg"，将其拖曳到页面的左侧。

（2）在"图层"面板中单击 ▣ 按钮，添加矢量蒙版，设置前景色为"#000000"。选择"画笔工具" ✎，在工具属性栏中设置画笔大小为"400"，在图像中的山脉处涂抹。

（3）打开素材文件"风景2.jpg、风景3.jpg"，使用相同的方法添加图层蒙版，并涂抹对应区域。

（4）打开素材文件"梅花.psd、中式家具.psd、中式灯具.psd"，将其拖曳到图像编辑区中。

（5）选择"横排文字工具" ，在工具属性栏中设置字体为"方正幼线简体"，字号为"40点"，颜色为"#5d4849"，在左上角的空白区域输入文字"新中式 落地灯"，选择"直线工具" ，在文字下方绘制直线。

（6）选择"横排文字工具" ，输入文本，打开"字符"面板，设置字体、字号、行距、字距、颜色分别为"方正铁筋隶书简体、35点、30点、-50、#666666"。

（7）继续输入其他文本，并设置字体为"微软雅黑"，字号为"20点"，颜色为"#6b1919"。

（8）选择"矩形工具" ，设置前景色为"#920504"。在文字的下方绘制230像素×70像素的矩形，栅格化矩形，选择【滤镜】/【液化】菜单命令，打开"液化"对话框，在右侧列表中设置画笔大小为"40"，单击 按钮，在红色矩形中进行拖曳，使其形成拖曳效果，完成后单击 确定 按钮。

（9）在形状上方输入文本"￥688.00元起"，设置字体为"方正韵动粗黑简体"，分别调整单个字体大小。

（10）使用"矩形工具" ，设置前景色为"#ffffff"，在矩形中绘制62像素×16像素的矩形。新建图层，选择"钢笔工具" ，在矩形的右侧绘制三角形。

（11）在矩形上方输入文本"点击购买"，并设置字体为"方正兰亭黑简体"，字号为"11点"，整体调整图像的位置，完成设置。

2.3.2 制作网页广告

1.实训目标

本实训是为网页设计一张广告推广图片。本实训完成后的参考效果如图2-101所示。

素材所在位置 素材文件\第2章\项目实训2\灯具.psd、客厅背景1.jpg、Logo.psd

效果所在位置 效果文件\第2章\网页广告.psd

图2-101 广告图效果

2．专业背景

广告推广图在本网站或其他网页中以悬浮窗的方式显示，用来增加点击量，是网站或商品推广的主要方式。

3．操作思路

完成本实训首先需要通过图层来合成图像，然后在其中输入文本，并对文本进行设置，其操作思路如图2-102所示。

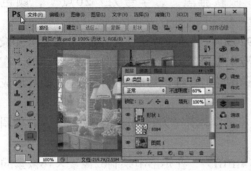
① 合成图像

② 添加并设置文本

图2-102　网页广告操作思路

【步骤提示】

（1）新建大小为300像素×250像素、分辨率为72像素/英寸、名称为"网页广告"的文件，打开素材文件"客厅背景1.jpg"，将其拖曳到图像中，并在"图层"面板中设置填充为"80%"。

（2）打开素材文件"灯具.psd"，将其拖曳到图像右侧，完成素材的添加。

（3）在工具箱中选择"矩形工具" ▣ ，在工具属性栏中设置填充颜色为"#ffe35e"，绘制140像素×250像素的矩形并填充为黄色，设置不透明度为"60%"。

（4）打开素材文件"Logo.psd"，将其拖曳到矩形的上方，选择"横排文字工具" T ，在工具属性栏中设置字体为"Gautami"，字号为"26点"，字体颜色为"#7e240a"，输入文本"LAMP FASHION"。

（5）使用相同的方法，输入其他文本，设置字体为"方正黑体简体"，调整文字大小到适当位置。

（6）选择"圆角矩形工具" ▣ ，在工具属性栏中设置填充颜色为"#7e240a"，绘制90像素×23像素的圆角矩形。

（7）在圆角矩形上方输入文本"立即抢购"，设置字体为"Adobe 黑体 Std"，字号为"15点"，并将文字与图形链接起来。

（8）按【Ctrl+S】组合键，保存图像并查看完成后的效果。

2.4　课后练习

本章主要介绍了使用Photoshop 来处理网页中的图片，包括裁剪图片、修复图片、调整图片颜色、使用滤镜处理图片、3种抠图方法、文字和图层的使用，以及图层样式的应用等。对于本章的内容，读者应认真学习和掌握，为后面网页效果图设计打下良好的基础。

练习1：制作直通车图片

本练习要求制作一个淘宝直通车图片，要求通过文本来说明网站的保修服务内容。制作时可打开本书提供的素材文件进行操作，参考效果如图2-103所示。

素材所在位置　素材文件\第2章\课后练习1\音箱.psd、气球.jpg、装饰.psd
效果所在位置　效果文件\第2章\店铺直通车图.psd

图2-103　直通车图片效果

要求操作如下。

- 填充背景，添加素材。
- 添加并美化文本。

练习2：制作"帮助中心"

本练习要求制作一个"帮助中心"页面图像，参考效果如图2-104所示。

素材所在位置　素材文件\第2章\课后练习2\bangzhu.psd
效果所在位置　效果文件\第2章\帮助中心.psd

图2-104　帮助中心效果

要求操作如下。

- 打开"bangzhu.psd"素材，在其中设置前景色。
- 使用渐变工具填充图形。

2.5 技巧提升

1．快速控制图像显示大小

在图像编辑的过程中，经常需要对图像显示的大小进行控制，以便查看图像的效果。用户可采取以下方法进行控制。

● **放大图像显示比例**：按【Ctrl+Space】组合键切换到放大工具，此时可单击鼠标放大图像显示；也可直接按【Ctrl++】组合键放大图像显示；或按【Ctrl+Alt++】组合键自动调整窗口以全屏放大显示。

● **缩小图像显示比例**：按【Alt+Space】组合键切换到缩小工具，此时再单击鼠标可缩小图像显示；也可直接按【Ctrl+-】组合键缩小图像显示；或按【Ctrl+Alt+-】组合键自动调整窗口以全屏显示图像。

2．快速恢复图像

在Photoshop中对图像进行编辑后，"历史记录"面板中将保留用户最近操作的一些记录，在该面板中可选择需要恢复到的操作步骤。单击选择某条记录后，位于该记录下方的记录将变为灰色显示，用户可以单击这些选项查看这些记录的效果。若重新对图像进行操作，这些记录将消失，而重新记录当前的操作。

3．使用滤镜注意事项

滤镜命令只能作用于当前正在编辑的可见图层或图层中的所选区域，另外，也可对整幅图像应用滤镜。要对图像使用滤镜，必须要了解图像色彩模式与滤镜的关系。其中RGB颜色模式的图像可以使用Photoshop中的所有滤镜。不能使用滤镜的图像色彩模式有位图模式、16位灰度图模式、索引模式和48位RGB模式。有的色彩模式图像只能使用部分滤镜，如在CMYK模式下不能使用画笔描边、素描、纹理、艺术效果和视频类滤镜。滤镜操作方法虽然简单，但是在使用时仍需注意以下几点。

● 滤镜可以反复应用，但一次只能应用在一个目标区域中。

● 滤镜不能应用于位图模式、索引颜色模式的图片文件中。

● 某些滤镜只对RGB颜色模式的图像起作用。

4．使用外部画笔的方法

在处理、装饰一些图像时，用户可通过载入外部画笔，然后使用外部画笔对图像进行绘制。使用外部画笔的方法是：在网上下载一些漂亮的外部画笔，选择"画笔工具"，在工具栏中单击"画笔样式"下拉列表框，在弹出的画笔样式选择列表栏右边单击 ❖. 按钮，在弹出的下拉列表中选择"载入画笔"选项，在打开的"载入画笔"对话框中选择之前下载的外部画笔文件，单击 载入(L) 按钮。

CHAPTER 3

第3章
使用Photoshop设计界面效果图

情景导入

　　老洪告诉米拉，Photoshop也是网页设计师必备的设计技能，通常用来设计网页效果图、网页中的图片等。目前，电商类网站更是采用Photoshop来美化网页中的商品图片。

学习目标

● 掌握网页界面效果图的设计方法。
　　如新建图像文件、创建参考线、制作Logo、制作导航栏、制作内容、设计页尾等。

● 掌握切片网页效果图的方法。
　　如创建切片、编辑切片、输出切片等。

案例展示

▲灯具网主页

3.1 课堂案例：设计"灯具网主页"效果图

米拉完成了网页中的商品图片处理后，老洪让她接着为灯具网站制作一个主页效果图。要完成本案例，需要了解网页主页的构成元素，如网页头部、导航栏、Banner区、分类区、产品展示区、页尾等。本例完成后的参考效果如图3-1所示，下面具体讲解其制作方法。

素材所在位置	素材文件\第3章\课堂案例1\北欧灯具.psd……
效果所在位置	效果文件\第3章\灯具网主页.psd

图3-1 灯具网站主页效果图

3.1.1 新建图像文件

新建图像文件的操作是使用Photoshop CS6进行设计的第一步，因此要设计网页界面，必须先新建图像文件，其具体操作如下。

（1）选择【文件】/【新建】菜单命令或按【Ctrl+N】组合键，打开"新建"对话框。

（2）在"名称"文本框中输入"灯具网主页"，在"宽度"文本框中输入"1920"，在"高度"文本框中输入"4400"。

（3）在"分辨率"文本框中输入"72"，单击 确定 按钮，如图3-2所示，即可新建一个图像文件，如图3-3所示。

图3-2 "新建"对话框

图3-3 新建的图像文件

行业提示

网页界面尺寸选择

网页界面设计需要遵循一定的尺寸,下面介绍一些网页设计标准尺寸以供参考。

①分辨率为800像素×600像素时,网页宽度保持在778像素以内,就不会出现水平滚动条,高度则视版面和内容决定。

②分辨率为1024像素×768像素时,网页宽度保持在1002像素以内,如果满框显示的话,高度保持在612像素~615像素,就不会出现水平滚动条和垂直滚动条。

③当分辨率更高时,网页宽度可设置为1920像素,网页高度可根据内容来确定,近年来流行整屏设计,即通过垂直滚动条的方式来浏览其他屏。

3.1.2 创建参考线

使用Photoshop对网页界面效果图进行布局时可借助标尺和参考线来辅助定位,其具体操作如下。

微课视频

创建参考线

(1)选择【视图】/【新建参考线】菜单命令,打开"新建参考线"对话框,在"取向"栏中单击选中"水平"单选项,在"位置"文本框中输入"150像素",单击 确定 按钮,如图3-4所示。

(2)将鼠标移动到水平标尺上,按住鼠标左键不放,拖曳参考线到垂直标尺的900像素处,如图3-5所示。

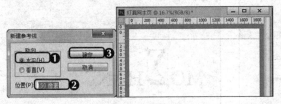

图3-4 新建参考线

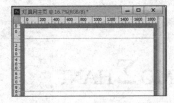

图3-5 拖出参考线

多学一招

标尺技巧

默认情况下标尺是隐藏状态,可按【Ctrl+R】组合键或选择【视图】/【标尺】菜单命令显示标尺;在标尺上单击鼠标右键,在弹出的快捷菜单中选择"像素"命令即可将标尺单位设置为像素,若要隐藏标尺,可按【Ctrl+R】组合键或选择【视图】/【标尺】菜单命令。

（3）再次使用"新建参考线"对话框分别在930像素、1680像素、1690像素、4200像素处创建4条水平参考线。

3.1.3　制作网页头部

网页头部主要包含Logo和导航栏等，Logo的制作可通过钢笔工具绘制，也可通过形状拼接，导航栏则是为了方便用户查看内容，因此可用简单大方的文字来展现。下面开始制作网页头部区，其具体操作如下。

（1）打开素材文件"斜纹.psd"，将其拖曳到图像中，调整大小使其铺满网页头部区域，再在"图层"面板中设置不透明度为"40%"，如图3-6所示。

（2）选择"横排文字工具" ，在工具属性栏中设置字体为"SymbolProp BT"，字号为"20.02点"，颜色为"#000000"，在图像编辑区中分别输入"MO""Σ""HA""NΓ"，如图3-7所示。

图3-6　添加并设置底纹

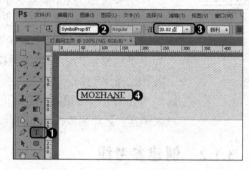

图3-7　输入文本

（3）将文字中"Σ"的字号单独调整到"35"点，并移动其他文字，使文字中间有一定的间隙。打开"图层"面板，选择"Σ"所在图层，在其上单击鼠标右键，在弹出的快捷菜单中选择"栅格化文字"命令，将文字图层转换为普通图层，如图3-8所示。

（4）按【Ctrl+T】组合键对图形进行变形操作，拖曳文字上方的控制点，向上拖曳，拉长文字，完成后按【Enter】键，确认变形操作，如图3-9所示。

图3-8　栅格化文字图层

图3-9　变形字母

（5）在工具箱中选择"多边形套索工具" ，在工具属性栏中设置羽化为"0"，再在"Σ"的右上角绘制带有斜角的多边形。

（6）完成绘制后，将自动创建选区，按【Delete】键删除选区中的内容，查看删除后的效果，完成后按【Ctrl+D】组合键取消选区的显示，如图3-10所示。

（7）选择"椭圆工具" ，在"∑"的右上角绘制宽和高均为"11"像素的圆。打开"图层"面板，选择"椭圆"所在图层，在其上单击鼠标右键，在弹出的快捷菜单中选择"栅格化图层"命令，将形状图层转换为普通图层，如图3-11所示。

图3-10 删除不需要的区域

图3-11 绘制圆形

（8）再次选择"多边形套索工具" ，在圆形右侧绘制一个小选区，对圆进行分割，完成后按【Delete】键删除选区中的内容。

（9）按【Ctrl+T】组合键进行变形操作，将鼠标光标移动到圆的角点上拖曳鼠标对圆进行旋转操作，使"∑"的切面与圆的切面对齐，如图3-12所示。

（10）在工具箱中选择"钢笔工具" ，在圆的下方绘制灯光照射路径。打开"路径"面板，选择绘制的路径，在其上单击鼠标右键，在弹出的快捷菜单中选择"建立选区"命令，如图3-13所示。

图3-12 分割圆形并调整位置

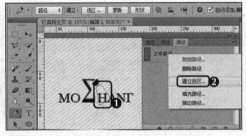

图3-13 绘制路径并创建选区

（11）打开"建立选区"对话框，设置羽化半径为"1"，单击选中"消除锯齿"复选框，单击选中"新建选区"单选项，单击 确定 按钮，如图3-14所示。

（12）返回"图层"面板，新建图层，选择"渐变工具" ，在工具属性栏中设置渐变颜色为"#f1fe22"到透明的渐变，拖曳鼠标在选区中填充渐变颜色，如图3-15所示。

图3-14 创建选区

图3-15 制作灯光效果

（13）取消选区，在"图层"面板中选择"HA"图层，选择【图层】/【图层样式】/【渐变叠加】菜单命令，打开"图层样式"对话框，设置不透明度为"90%"，单击"渐变"右侧的渐变色条███，打开"渐变编辑器"对话框，如图3-16所示。

（14）在渐变色条下方单击右侧色标，在"色标"栏中单击"颜色"右侧的色块，打开"拾色器（色标颜色）"对话框，设置颜色为"#f5ff54"，如图3-17所示。

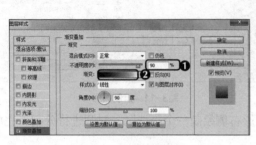

图3-16　设置渐变叠加　　　　　　　图3-17　设置渐变颜色

（15）依次单击█确定█按钮，返回图像编辑区，隐藏"背景"和底纹所在的图层，按【Ctrl+Shift+Alt+E】组合键盖印图层，如图3-18所示。

（16）单击"图层"面板中的fx.按钮，在打开的下拉列表中选择"投影"选项，打开"图层样式"对话框，设置不透明度、角度、距离、大小分别为"10""120""10""3"，单击█确定█按钮，如图3-19所示。

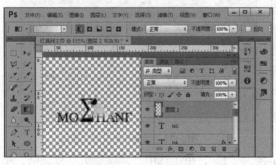
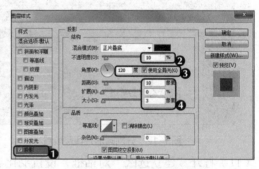

图3-18　盖印图层　　　　　　　　　图3-19　添加投影图层样式

（17）显示隐藏的图层，然后选择"横排文字工具"█T█，在工具属性栏中设置字体为"黑体"，字号为"12点"，在英文字体的下方输入文本"陌上灯具"，如图3-20所示。

（18）选择"直线工具"█，在文字的两边绘制两条直线，如图3-21所示。

图3-20　添加文字　　　　　　　　　图3-21　添加形状

（19）创建两条垂直参考线，分别位于380像素和150像素处，选中除底纹和背景外的图层，将其移动到中间，如图3-22所示。

（20）选择"直线工具" ✐，设置填充颜色为"#bfbfbf"，在Logo的右侧绘制1像素×90像素的竖线，选择"横排文字工具" ▮，在工具属性栏中设置字体为"方正韵动粗黑简体"，字号为"18点"，输入如图3-23所示的文字。

图3-22　移动位置

图3-23　添加文字

（21）选择"圆角矩形工具" ▣，绘制颜色为"#f3002e"的圆角矩形。选择"横排文字工具" ▮，在"字符"面板中设置字体、字号、颜色分别为"方正韵动粗黑简体、16点、白色"，在圆角矩形上方输入"关注收藏>"文本，如图3-24所示。

（22）选择"椭圆工具" ▣，按住【Shift】键不放，绘制直径为83像素的正圆，并设置填充颜色为"#66a6c1"，如图3-25所示。

图3-24　制作按钮

图3-25　绘制椭圆形状

（23）选择圆，按住【Alt】键不放，向右拖曳复制4个相同大小的圆，并分别设置填充颜色为"#ffde5b""#f7ad58""#9cc3a6""#ec7789"，如图3-26所示。

（24）打开"灯具素材.psd"素材文件，将其中的灯具素材分别拖曳到图像中，调整各素材的位置和大小，如图3-27所示。

图3-26　绘制其他圆形

图3-27　添加灯具素材

（25）选择"横排文字工具" ▮，在工具属性栏中设置字体为"方正韵动粗黑简体"，字号为"14点"，在对应的正圆中分别输入图3-28所示的文字。

（26）选择"矩形选框工具" ▢，在工具属性栏中设置宽度为"1920"，高度为"30"，在图像下面的灰色区域单击创建选区，新建图层，将新建的图层填充为"#000000"，如图3-29所示。

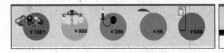

图3-28　输入文字　　　　　　　　　　　　图3-29　绘制并填充矩形

（27）选择横排文字工具，在工具属性栏中设置字体为"方正韵动粗黑简体"，字号为"18
　　　点"，字体颜色为"白色"，在导航条上依次输入导航文本内容，如图3-30所示。
（28）在导航文本下方新建图层，选择"矩形选框工具" ，在"所有商品"的上方绘制矩
　　　形选区，并填充为"#f3002e"，删除"所有商品"左右两侧的竖线，如图3-31所示。

图3-30　输入导航文本　　　　　　　　　　图3-31　绘制底纹

3.1.4　制作网页内容部分

　　　下面使用Photoshop CS6来设计首页效果图的内容部分，其具体操
作如下。
（1）打开素材文件"全屏海报.psd"，全选并将其拖入"灯具网主
　　　页"图像中，调整位置如图3-32所示。

（2）选择"矩形工具"，设置前景色为"#f3e9ea"，在图像编辑区绘
　　　制400×636像素的矩形并填充前景色，然后再使用相同的方法绘制其他矩形并填充颜
　　　色，布局、大小、颜色如图3-33所示。

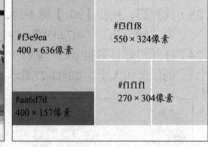

图3-32　添加横幅海报　　　　　　　　　　图3-33　设置颜色块大小

（3）打开素材文件"灯1.jpg"，将其拖曳到左上角矩形的上方，选择该图层，在图层单
　　　击鼠标右键，在弹出的快捷菜单中，选择"创建剪贴蒙版"命令，将图像嵌入到矩形
　　　中，如图3-34所示。
（4）打开素材文件"灯2.jpg"～"灯4.jpg"，使用相同的方法，分别对其创建剪贴蒙版。
（5）选择"横排文字工具" T，在工具属性栏中设置字符格式为"微软雅黑、21点"，输
　　　入文本，并调整字体位置，如图3-35所示。
（6）重新设置字号为"14点"，然后在下方输入"点击进入"文本。

图3-34 创建剪贴蒙版

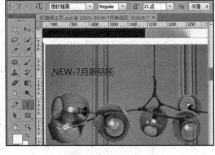

图3-35 输入文本

（7）选择"多边形工具" ，在工具属性栏中设置填充颜色为"#000000"，边数为"3"，在"点击进入"右侧绘制三角形，如图3-36所示。

（8）新建图层，设置前景色为"#11b68c"，选择"钢笔工具"，绘制不规则矩形形状，转换为选区后按【Alt+Delete】组合键填充颜色。选择"横排文字工具" T，在工具属性栏中设置字体为"方正兰亭中黑_GBK"，字号为"18"点，颜色为"#ffffff"，在形状上输入文本"Hot"，效果如图3-37所示。

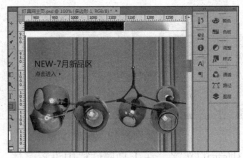

图3-36 制作三角形

图3-37 绘制形状

（9）再次使用横排文字工具在右侧图像上输入相关文本，并添加向右三角形，然后在左下角输入"2017年 "，设置字体为"Freehand471 BT"，输入"爆款"，并将字体更改为"方正韵动粗黑简体"，调整文本大小与位置，如图3-38所示。

（10）在"2017年"和"爆款"文字的中间绘制矩形，并在矩形上方输入"点击进入"，设置字体为"方正兰亭中黑_GBK"，颜色为"#aa6d7d"，并添加同字体颜色相同的向右三角形。在矩形下方输入图3-39所示的文字，设置字体为"方正铁筋隶书简体"，调整文字大小和位置，如图3-39所示。

图3-38 输入文本设置字体

图3-39 添加其他文本

59

（11）打开"灯具简笔.psd"素材文件，将其拖曳到最下方，调整各个板块的位置。

（12）选择"横排文字工具" T ，输入"All Products   所有宝贝"，在其中设置中文字体和颜色分别为"微软雅黑""#000000"，英文字体和颜色分别为"Arial""797272"，设置字体大小与位置，在"所有宝贝"下方新建图层，绘制颜色为"#d2d2d2"的矩形作为底纹，效果如图3-40所示。

图3-40 添加素材和文本

（13）选择"矩形工具" ▢ ，设置前景色为"#e9e9e9"，在最上方绘制1920像素×670像素的矩形。打开素材文件"海报素材.psd"，将其拖曳到绘制的矩形上方，如图3-41所示。

（14）打开素材文件"海报灯具.psd"，将其拖曳到灰色背景中，效果如图3-42所示。

图3-41 添加海报素材　　　　　　　　　　　　图3-42 添加灯具素材

（15）选择"横排文字工具" T ，输入图3-43所示的文字，在工具属性栏中设置字体、字号分别为"Franklin Gothic Demi Cond、60点"，并设置文字加粗显示。选择"直线工具" ╱ ，在工具属性栏中将粗细设置为"7"，按住【Shift】键在文本上方绘制水平直线，如图3-43所示。

（16）选择"横排文字工具" T ，输入图3-44所示的文字，在工具属性栏中设置中文字体为"方正兰亭纤黑"，再设置英文字体、颜色分别为"Estrangelo Edessa、#fe0000"，调整文字大小，效果如图3-44所示。

图3-43 输入文本并绘制直线　　　　　　　　图3-44 输入文本并设置样式

（17）选择"圆角矩形工具" ▢ ，在文字的下方绘制颜色为"#e60012"、大小为150像素×45像素的圆角矩形。在矩形上方输入"查看更多 >>"文本，在工具属性栏中设置字体、字号分别为"黑体、25点"，如图3-45所示。

（18）选择"矩形工具" ，在海报的下方绘制颜色为"#6a6d76"，大小为950像素×50像素的矩形。在矩形上方输入"7月新品推介 >>"文本，在工具属性栏中设置字体、字号分别为"方正兰亭纤黑-GBK、33点"，完成导航条的制作，效果如图3-46所示。

图3-45　制作按钮

图3-46　制作标题

（19）选择"矩形工具" ，沿着参考线绘制颜色为"#e9e9e9"，大小为305像素×330像素的矩形，使用相同的方法绘制其他矩形，并应用到其他区域，其布局效果如图3-47所示。

（20）打开"灯具1.jpg"素材文件，将其拖曳到左上角矩形的上方，选择该图层，在其上单击鼠标右键，在弹出的快捷菜单中选择"创建剪贴蒙版"命令，将图像嵌入到矩形中。

（21）打开"灯具2.jpg"～"灯具9.jpg"素材文件，使用相同的方法，将其移动到对应的矩形中，并分别对其创建剪贴蒙版，效果如图3-48所示。

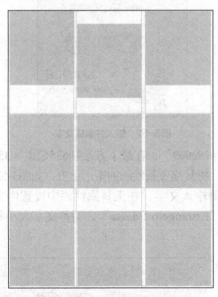

图3-47　绘制色块布局

图3-48　添加素材

（22）选择"横排文字工具" ，在第二张图片上方的空白处输入文字，在工具属性栏中设置字体、字号分别为"Forte、20点"，如图3-49所示。

（23）选择"横排文字工具" ，在第一张图片下方输入文字，在工具属性栏中设置中文字体为"黑体"，英文字体为"Estrangelo Edessa"，调整文字大小，效果如图3-50所示。

图3-49 为第二张图片添加文本　　　　　　图3-50 为第一张图片添加文本

（24）使用相同的方法，在图片下方输入其他文字，并调整字体大小。

（25）选择"矩形工具"　，设置前景色为"#e9e9e9"，在最下方左侧绘制305像素×350像素的矩形。打开"海报灯具3.psd"素材文件，将其拖曳到左侧矩形中，如图3-51所示。

（26）选择"横排文字工具"　，在灯具下方输入文字，在工具属性栏中设置中文字体为"方正兰亭纤黑-GBK"，英文字体为"Estrangelo Edessa"，调整文字大小和颜色，效果如图3-52所示。

图3-51 添加素材　　　　　　　　図3-52 输入并编辑文本

（27）选择"矩形工具"　，设置前景色为"#e9e9e9"，在最下方绘制635像素×350像素的矩形。打开"海报灯具2.psd"素材文件，将其拖曳到绘制的矩形上方，如图3-53所示。

（28）选择"横排文字工具"　，在灯具左侧输入文字，在工具属性栏中设置中文字体为"方正兰亭纤黑-GBK"，英文字体为"Estrangelo Edessa"，调整文字大小和颜色，效果如图3-54所示。

图3-53 添加素材　　　　　　　　图3-54 输入并编辑文本

（29）将海报中"查看更多 >>"按钮复制到文字的下方，并将填充颜色修改为"#6a6d76"，效果如图3-55所示。

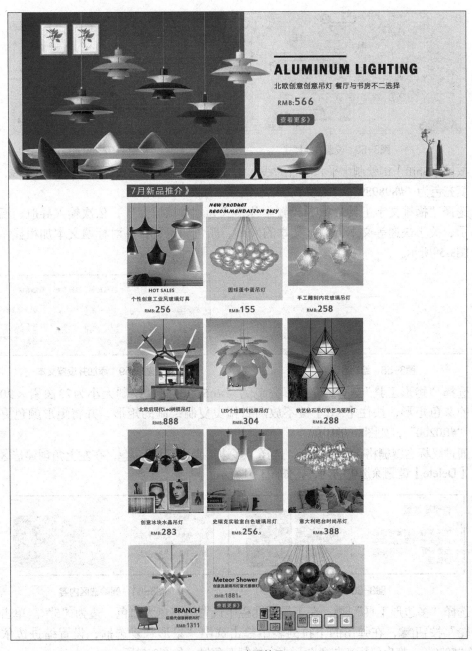

图3-55 查看效果

3.1.5 设计网页页尾

网页页尾应设计简洁，通常由文字组成。下面使用Photoshop来设计网页页尾，其具体操作如下。

（1）选择"直线工具" ，在工具属性栏中设置描边颜色为"#a0a0a0"，描边粗细为"2点"，线条粗细为"1.5"，在描边选项中选择图3-56所

微课视频

设计网页页尾

示的虚线样式，单击 更多选项... 按钮。

（2）在打开的"描边"对话框中设置间隙为"2.7"，单击 确定 按钮，如图3-57所示。

图3-56 设置直线样式

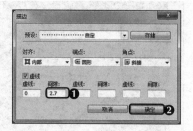

图3-57 设置描边

（3）按住【Shift】键绘制水平和垂直虚线，绘制完成后，在工具属性栏中更改为实线，更改填充色为"#898989"，在最下方绘制实线，如图3-58所示。

（4）选择"横排文字工具" T，设置字体格式为"微软雅黑"，依次输入导航、温馨提示、关于快递等文本，调整文本的大小、颜色和位置，并对标题文本加粗显示，如图3-59所示。

图3-58 绘制直线

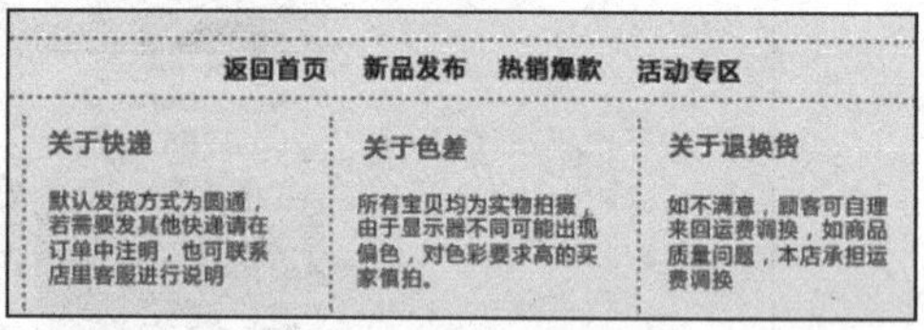

图3-59 添加并设置文本

（5）选择"矩形工具" ▢，设置填充色为"#c5c5c5"，绘制大小为73像素×90像素的灰色矩形，按住【Alt】键不放向右拖曳复制绘制的矩形，并将矩形颜色更改为"#ff0200"，如图3-60所示。

（6）通过鼠标右键栅格化灰色矩形，选择"多边形套索工具" ▷，在左上角创建选区，按【Delete】键删除选中的内容，如图3-61所示。

图3-60 绘制矩形

图3-61 删除选区内容

（7）选择"多边形工具" ◎，在工具属性栏中设置填充色为白色，边为"5"。单击"齿轮"按钮 ⚙，在弹出的下拉列表中单击选中"星形"复选框，设置缩进边依据为"50%"，拖曳鼠标在灰色图形上方绘制五角星，如图3-62所示。

（8）将前景色设置为白色，选择"横排文字工具" T，输入文本，设置字体为"微软雅黑"，加粗"收藏、TOP"文本，将"TOP"字体更改为"Agency FB"，调整文本大小，输入">"并将其旋转"-90°"，如图3-63所示。

（9）保存文件完成效果图设计制作。

| 图3-62 绘制五角星 | 图3-63 输入并设置文本 |

3.2 课堂案例：输出"灯具网主页"效果图

老洪告诉米拉，网页效果图完成并与客户确认后，还需要对其进行切片输入，这样才能在Dreamweaver中进行静态页面的制作，这是每个网页设计人员必备的技能之一。本例的参考效果如图3-64所示，下面具体讲解其制作方法。

素材所在位置 素材文件\第3章\课堂案例2\灯具网主页.psd
效果所在位置 效果文件\第3章\灯具网主页切片.psd、images\

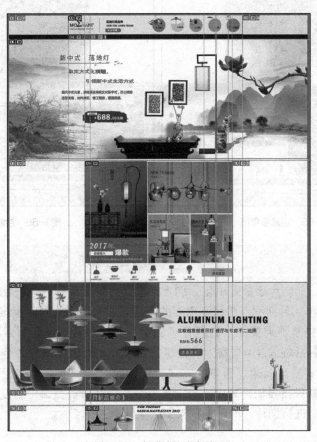

图3-64 切片主页参考效果

3.2.1 创建切片

在Photoshop CS6中使用切片工具即可进行切片操作。切片的方法与使用矩形工具绘制矩形的方法相同。下面为"灯具网主页"效果图创建切片，其具体操作如下。

（1）打开"灯具网主页.psd"素材文件，按【Ctrl+R】组合键显示标尺，在"图层"面板中，在导航栏中的文本所在图层前的 👁 上单击，将其隐藏，然后在标尺上拖出参考线到需要的位置，如图3-65所示。

（2）在Photoshop CS6左下角状态栏的文本框中输入100%，然后在工具箱中选择"切片工具" 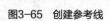，在图像上拖曳鼠标绘制切片，如图3-66所示。

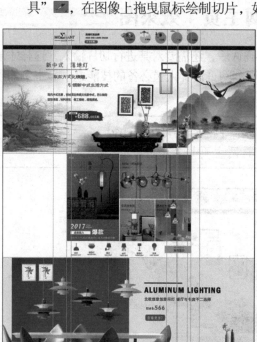

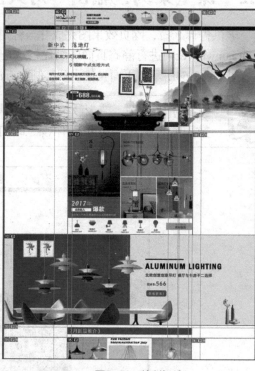

图3-65　创建参考线　　　　　　　　图3-66　绘制切片

切片注意事项

切片尽量最小化：切片时应只对需要的部分进行切片，要尽可能地减小切片面积；隐藏不需要的内容：需清楚哪些内容是该图像所必需的，哪些是不需要的；纯色背景的切片方法：对于纯色背景不需要切片，因为纯色只需在Dreamweaver中直接对容器进行背景颜色设置即可；渐变色背景的切片方法：由于渐变色背景可以通过重复的方式实现，因此只需要切片该图像的某一部分即可；重复多个对象只需要切片其中一个：当多个图像在网页页面中重复使用时，只需要对其中的任意一个进行切片，而不需要对每个图像都进行切片。

（3）按住【Alt】键的同时向上滚动鼠标滚轮放大显示图像，检查切片，在工具箱中选择

微课视频

创建切片

"切片选择工具" 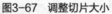，选择需要调整的切片，将鼠标移动到边框上拖曳鼠标调整切片大小，如图3-67所示。

（4）保持切片的选择状态，在其上单击鼠标右键，在弹出的快捷菜单中选择"编辑切片选项"命令，打开"切片选项"对话框，在其中设置名称为"导航底纹"，单击 确定 按钮确认设置，如图3-68所示。

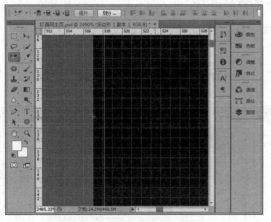
图3-67　调整切片大小

图3-68　编辑切片选项

3.2.2　输出切片

切片完成后即可将其输出保存，以便网页编辑时使用，其具体操作如下。

（1）选择【文件】/【存储为Web所用格式】菜单命令，打开"储存为Web所用格式"对话框，在右侧的"预设"栏中的下拉按钮上单击，选择"PNG_8"选项，如图3-69所示。

微课视频
输出切片

图3-69　设置储存为Web格式

GIF格式的图片

GIF包括静态GIF和动态GIF两种，动态GIF文件具有动画效果，如加载动画等就是动态GIF。由于GIF格式的图像颜色范围比较窄，因此只适用于保存颜色不太丰富的图像。另外，GIF格式图像还支持背景透明，因此保存为GIF格式可设置图像背景透明。

（2）单击 存储… 按钮，打开"将优化结果存储为"对话框，在其中的"切片"下拉列表中选择"所有用户切片"选项。

（3）单击 保存(S) 按钮，如图3-70所示，即可将切片保存在以"images"为名的文件夹中，如图3-71所示。

图3-70 保存切片

图3-71 查看保存的切片

保存指定的切片

在"储存为Web所用格式"对话框中单击"切片选择工具"按钮，然后按住【Shift】键的同时在图像区域单击选择需要保存的切片，然后在"切片"下拉列表中选择"选中的切片"选项，单击 保存(S) 按钮将只保存选择了的切片。

3.3 项目实训

3.3.1 设计"摄影之家"网页效果图

1. 实训目标

本实训的目标是使用Photoshop CS6设计一个"摄影之家"网页，该网页主要用于进行摄影信息、摄影器材、摄影作品等展示，在制作时，先通过Photoshop设计出网页的各个板块，然后对其进行切片。本实训完成后的参考效果如图3-72所示。

素材所在位置　素材文件\第3章\项目实训1\风景.jpg……
效果所在位置　效果文件\第3章\项目实训\摄影网主页.psd、images\

图3-72 "摄影之家"网页效果图

2. 专业背景

在进行网页效果图设计前,要了解整个网站的用户需求,确定网站风格和功能,然后根据风格和功能来对网页进行布局,最后才进行美观设计,如图片选择、字体选择等。

3. 操作思路

本实训在制作时,首先需要创建参考线进行布局,然后添加素材,最后对其进行相应的编辑,其操作思路如图3-73所示。

① 制作效果图

② 创建切片

图3-73 "摄影之家"网页效果图操作思路

【步骤提示】

（1）新建一个952像素×955像素的图像文件，然后在其中分别创建相应的参考线。

（2）在"图层"面板中创建组，并重命名名称。

（3）将需要的素材添加到图像区域，并调整大小和位置。

（4）绘制并填充底纹形状，为添加的素材创建图层蒙版，并调整显示效果。

（5）在图像中输入文本并设置文本格式，具体可参考提供的效果图文件。

（6）使用相同的方法设计效果图其他区域。

（7）完成后使用切片工具对图像进行切片，并将其保存到计算机中。

3.3.2 设计"订餐网"界面效果

1. 实训目标

本实训的目标是为某订餐网站的主页设计一张效果图。本实训完成后的参考效果如图3-74所示。

素材所在位置 素材文件\第3章\项目实训2\Logo.png……

效果所在位置 效果文件\第3章\项目实训\订餐网站首页.psd、imagesd\

微课视频

设计"订餐网"界面效果

图3-74 "订餐网"效果图

2. 专业背景

切片，是一种网页制作技术，它是将美工效果图转换为页面效果图的重要技术。

在网页上的图片较大的时候，浏览器下载整个图片需要花很长的时间，切片的使用使得整个图片分为多个不同的小图片分开下载，这样下载的时间就大大地缩短了，能够节约很多时间。在目前互联网带宽还受到条件限制的情况下，运用切片来减少网页下载时间而又不影响图片的效果，这不能不说是一个两全其美的办法了。

3. 操作思路

完成本实训首先需要创建参考线，然后制作背景图片，再添加素材进行美化，最后输入并编辑文本，其操作思路如图3-75所示。

① 制作效果图

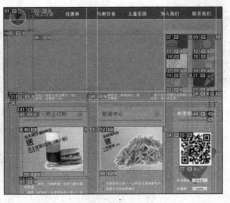

② 创建切片

图3-75 订餐网站操作思路

【步骤提示】

（1）新建一个"名称、宽度、高度、分辨率"分别为"订餐网站首页""1024""980""96"的图像文件。

（2）在其中创建需要的参考线，对图像区域进行布局。

（3）使用矩形选框工具绘制图案，然后进行自定义图案，最后将其填充到背景中。

（4）添加素材到图像区域，并对素材进行相关编辑。

（5）在图像上添加需要的文本，并设置文字字体和大小，具体可参考提供的效果图。

（6）使用相同的方法制作效果图的其他部分。

（7）完成后对图片进行切片输出保存。

3.4 课后练习

本章主要介绍了使用Photoshop CS6来设计界面效果图的方法，重点在于能够综合运用Photoshop的相关操作来实现网页界面的美观设计。对于本章的内容，读者应认真学习和掌握，以提升设计水平。

练习1：设计婚纱售卖网站首页

本练习要求为婚纱售卖网站的首页设计一个界面效果图，要求页面中能够显示部分产品、有购买功能，其参考效果如图3-76所示。

素材所在位置 素材文件\第3章\课后练习\婚纱店铺首页素材\
效果所在位置 效果文件\第3章\课后练习\婚纱店铺首页.psd

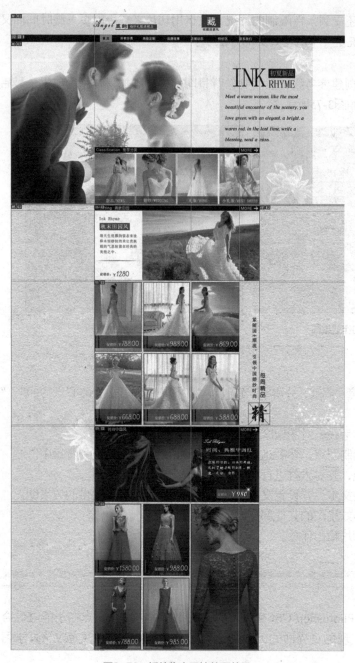

图3-76 婚纱售卖网站首页效果

要求操作如下。

● 新建图像文件，创建参考线布局页面。

● 添加素材文件，对素材文件进行编辑。

● 为图像添加相关的文本装饰，并设置其格式。

练习2：设计个人网页效果图

本练习要求完成"七月"个人网页效果图的设计，然后对其进行切片，完成后将其输出保存，参考效果如图3-77所示。

| **素材所在位置** | 素材文件\第3章\课后练习\七月.psd、风景1~风景3.jpg |
| **效果所在位置** | 效果文件\第3章\课后练习\七月切片.psd、七月.psd、images\ |

图3-77　个人网页效果图

要求操作如下。

- 打开提供的素材，然后在其中创建参考线进行布局。
- 使用矩形选框工具绘制并填充矩形，然后调整图层不透明度。
- 添加素材文件，调整大小和位置，然后输入相关的文本。
- 为效果图创建切片，然后将创建的切片输出保存。

微课视频

设计个人网页效果图

3.5　技巧提升

1．网页效果图设计技巧

网页效果图是在网页编写前由美工人员设计并交予客户确认的网页效果。在制作时有一定的规范要求，下面提供几点注意事项以供大家参考。

- 新建网页美工文件时，宽度与高度以像素为单位，分辨率是72像素/英寸，颜色模式为RGB，背景内容一般为透明。
- 作为网页背景、网页图标的图片要清晰。
- 效果图中的网页相关元素一定要对齐。
- 在做成网页后可改变的文字，无需修饰，直接使用黑体或宋体。
- 注意网页内容宽度，一般网页宽度有760像素、900像素、1000像素等，最好不要超过1200像素，高度没有限制。

- 有特效的位置，有必要设计出特效样式，如按钮图标的鼠标经过有变化的，需要设计好变化，以便DIV CSS制作的时候切图使用。
- 效果图完成后图层不要合并，尽量保持每个文字、图标在独立图层上，以便切片时显示隐藏切片。
- 切片完成后，以JPG、GIF、PNG等格式导出观察效果。

2. 组合切片

可以将两个或多个切片组合为一个单独的切片。Photoshop 利用通过连接组合切片的外边缘创建的矩形来确定所生成切片的尺寸和位置。如果组合切片不相邻，或者比例、对齐方式不同，则新组合的切片可能会与其他切片重叠。

组合切片将采用选定的切片系列中的第一个切片的优化设置。组合切片始终为用户切片，而与原始切片是否包括自动切片无关。

3. 直接输出为html文件

切片完成后，选择【文件】/【存储为Web所用格式】菜单命令，在打开的"存储为Web所用格式"对话框中直接单击 存储… 按钮，然后在打开的"将优化结果储存为"对话框中，设置文件名，保存类型选择"HTML和图像(*.html)"选项，切片选择"所有切片"，最后单击 保存(S) 按钮，即可将效果图输出为HTML页面。此时只需要在Dreamweaver中打开进行编辑即可。

需要注意的是这种方式得到的网页可编辑性不高，设计师很少使用。

CHAPTER 4

第4章
使用Dreamweaver制作基础网页

情景导入

老洪看了米拉设计的界面效果图，非常满意，并且说米拉可以开始设计一些简单的基础网页了，米拉对此非常开心。

学习目标

● 掌握创建基本网页的方法。

　　如创建网页文档、设置页面属性、保存网页文档、关闭和预览网页文档等。

● 掌握制作简单文本网页的方法。

　　如添加文本、设置文本和段落格式、添加水平线、添加空格等。

案例展示

▲ "学校简介"网页　　　　　　　　　　　　　▲ 优惠券说明

4.1 课堂案例：创建index.html网页

老洪告诉米拉，制作网页第一步是先学会创建基础网页，包括创建新的网页文档、打开已有的网页文档、关闭网页、设置页面属性、保存创建的网页文档等。本例将创建一个index.html，完成后的参考效果如图4-1所示，下面具体讲解其制作方法。

 效果所在位置 效果文件\第4章\index.html

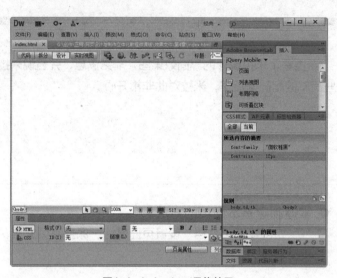

图4-1 index.html最终效果

4.1.1 创建网页文档

微课视频

创建网页文档

在站点中，新创建的网页类型有多种，如空白页、空模板、流体网格布局、模板中的页和示例中的页等类型网页。这里主要介绍创建空白网页，其创建方法有多种，而且前面介绍在"文件"面板中创建的网页文件，默认情况下也是创建的空白网页文件。下面将介绍在"新建文档"对话框中创建空白网页的方法，其具体操作如下。

（1）启动Dreamweaver CS6后，在菜单栏中选择【文件】/【新建】菜单命令，打开"新建文档"对话框，选择"空白页"选项卡，在"页面类型"列表中选择"HTML"选项，然后在"布局"列表框中选择"无"选项，单击 创建(R) 按钮，如图4-2所示。

（2）单击 创建(R) 按钮后，软件将自动打开创建的空白网页，如图4-3所示。

多学一招

其他创建空白网页文档的技巧

按【Ctrl+N】组合键，也可以打开"新建文档"对话框创建空白网页。或直接在Dreamweaver CS6的欢迎界面中，单击"HTML"超链接，也可以创建一个空白的网页文档。

图4-2 创建空白文档

图4-3 查看创建的网页

4.1.2 设置页面属性

创建好网页后，可对其进行页面属性设置，如设置标题和编码属性、页面背景颜色和文本字体大小等外观设置，使其具有可观赏性。下面具体进行讲解。

微课视频

设置页面属性

（1）选择【修改】/【页面属性】菜单命令，或在设计视图状态的"属性"栏中单击 页面属性 按钮，在打开的"页面属性"对话框中，在"页面字体"下拉列表中选择"微软雅黑"选项，在"大小"下拉列表中选择"12"选项，如图4-4所示。

（2）在"分类"列表框中单击"链接（CSS）"选项，在右侧"链接颜色"文本框中输入"#09F"颜色值，或直接单击色块，在其中选择需要的颜色，在"已访问链接"文本框中输入"#F30"颜色值，在"下划线样式"下拉列表中选择"始终无下划线"选项，如图4-5所示。

图4-4 设置外观样式

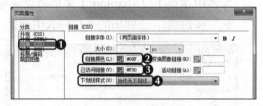

图4-5 设置链接样式

知识提示

"外观（CSS）"选项和"外观（HTML）"选项

"外观（CSS）"选项和"外观（HTML）"选项对应的网页外观属性项相同，区别在于CSS会生成body、td、th、a等属性，选择并包含在\<head>标签下的\<style></ style>标签中，而HTML则直接在\<body>标签中添加相应的代码。

（3）在"分类"列表框中单击"标题（CSS）"选项，在右侧分别设置标题级别的字体大小，如图4-6所示。

（4）在"分类"列表框中单击"标题/编码"选项，在"标题"文本框中输入"小儿郎"文本，单击 [确定] 按钮，如图4-7所示。

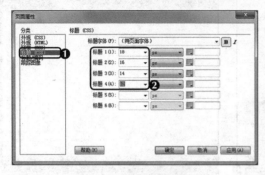

图4-6　设置标题级别样式

图4-7　设置标题

设置标题的其他方法

　　标题就是网页在浏览器中标题栏的显示名称，位于HTML的<head>部分。在Dreamweaver CS6中可以在"文档工具栏"的"标题"文本框中设置网页标题，在代码视图中，将鼠标光标定位到<title></title>标签处，然后在"属性"栏的"标题"文本框中输入网页标题。

4.1.3　保存、预览和关闭网页文档

　　编辑好的网页可进行保存、预览和关闭操作，其具体操作如下。

微课视频

保存、预览和关闭网页文档

（1）选择【文件】/【保存】菜单命令或按【Ctrl+S】组合键，在打开的"另存为"对话框中设置文件保存的位置和文件名，然后单击 [保存(S)] 按钮，即可将网页保存，如图4-8所示。

（2）网页保存后即可发现网页名称发生了变化，选择【文件】/【在浏览器中预览】/【IExplore】菜单命令或单击"在浏览器中预览/调试"按钮，在弹出的下拉列表中选择"预览在IExplore"选项，如图4-9所示。

图4-8　保存网页

图4-9　预览网页

（3）单击网页文档名称右侧的 ☒ 按钮即可关闭当前打开的网页文档，如果要关闭所有的网页文档，可以在文档选项卡处单击鼠标右键，在弹出的快捷菜单中选择"全部关闭"命令即可。

打开网页的方法

选择【文件】/【打开】菜单命令或按【Ctrl+O】组合键，在打开的"打开"对话框中双击需要打开的网页。也可以在计算机中找到网页文档，在其上单击鼠标右键，在弹出的快捷菜单中选择"打开方式"，在弹出的子菜单中选择"Adobe Dreamweaver CS6"命令打开。

4.2 课堂案例：制作"学校简介"网页

老洪让米拉为"小儿郎"早教网站制作一个学校简介网页，要求该网页能显示早教机构的相关基本信息。要完成该任务，除了用到添加文本外，还会涉及文本格式和段落格式的设置，以及添加水平线等操作。米拉略作思考便开始动手制作了。本例的参考效果如图4-10所示，下面具体讲解其制作方法。

素材所在位置 素材文件\第4章\课堂案例\xxjj.html、学校简介.txt、images
效果所在位置 效果文件\第4章\xxjj.html

图4-10 "学校简介"网页参考效果

4.2.1 添加文字

在网页中，文字是网页设计中最基础的部分，而且在网页中也是能起到直接传递信息、表达主题的代表性要素，因此，文字在网页中起着非常重要的作用。

在网页中可以通过两种方法进行文字输入，一种直接在网页文档中输入文字；另一种则是通过复制的方法在其他程序中复制需要的文字，然后将其粘贴到当前网页文档中，下面在"xxjj.html"中添加文本，其具体操作如下。

（1）打开素材文件"xxjj.html"，将插入点定位到中间的AP Div中，然后切换到合适的输入法，直接输入"小儿郎是谁"文本，然后按【Enter】键换行，继续输入其他文本，如图4-11所示。

（2）打开"学校简介.txt"文档，在其中选择需要的文本并按【Ctrl+C】组合键复制，在 Dreamweaver中单击定位插入点，然后按【Ctrl+V】组合键粘贴，如图4-12所示。

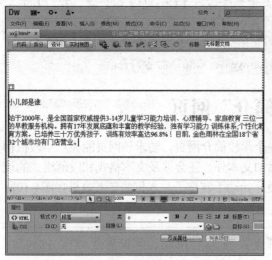

图4-11　输入文本

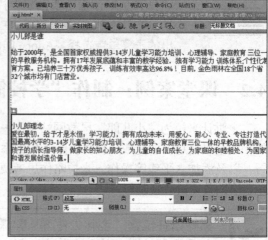

图4-12　复制文本

导入文本

　　在Dreamweaver CS6中也可直接将Word文档、Excel文档导入到网页中，其方法是选择【文件】/【导入】/【Word文档】菜单命令，在打开的"导入Word文档"对话框中选择需导入的Word文档。

4.2.2　设置文本格式

　　在Dreamweaver中可以通过设置文本的颜色、大小、对齐方式和字体等属性，使浏览者阅读起来更加方便。而文本属性可以通过HTML基本属性和CSS扩展属性来进行设置，但不管要使用哪种方法进行设置，都需要先将文本选中，然后进行设置，其具体操作如下。

（1）选中标题文本"小儿郎是谁"，在默认的属性面板中，单击"格式"右侧的下拉按钮，在弹出的下拉列表中选择"标题2"选项，如图4-13所示，标题文本则会应用到标题2的样式。

（2）选中下面段落中的文本，在"属性"面板中单击 CSS 按钮，再在"字体"下拉列表中选择"编辑字体列表..."选项，如图4-14所示。

微课视频

设置文本格式

（3）打开"编辑字体列表"对话框，在其中"可用字体"列表框中选择"幼圆"选项，单击 《 按钮，再单击 确定 按钮，将其添加到Dreamweaver中，如图4-15所示。

（4）再次单击"字体"下拉列表右侧的下拉按钮 ，在弹出的下拉列表中选择"幼圆"选项，打开"新建CSS规则"对话框，直接单击 确定 按钮即可，如图4-16所示。

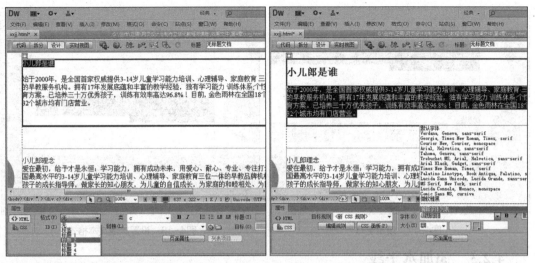

图4-13 应用标题样式　　　　　　　　　　图4-14 设置字体

添加字体到Dreamweaver

在"编辑字体列表"对话框的"可用字体"列表框中每次只选择一种字体添加到字体列表中，否则设置无效。若要再添加其他字体，需要先单击王按钮，然后再按照步骤3操作。如果要删除添加的字体，则可以在"字体列表"列表框中选择需要删除的字体，单击"删除"按钮，则可删除所选字体，除此之外，还可以单击"上移"按钮和"下移"按钮，对添加的字体进行排序。

图4-15 添加字体

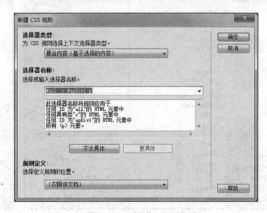

图4-16 新建CSS规则

（5）在"属性"面板的"大小"下拉列表中选择"16"选项，为文本设置字号，如图4-17所示。

（6）使用相同的方法设置"小儿郎理念"段落文本，效果如图4-18所示。

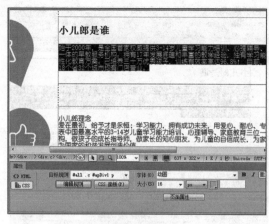

图4-17　设置字号

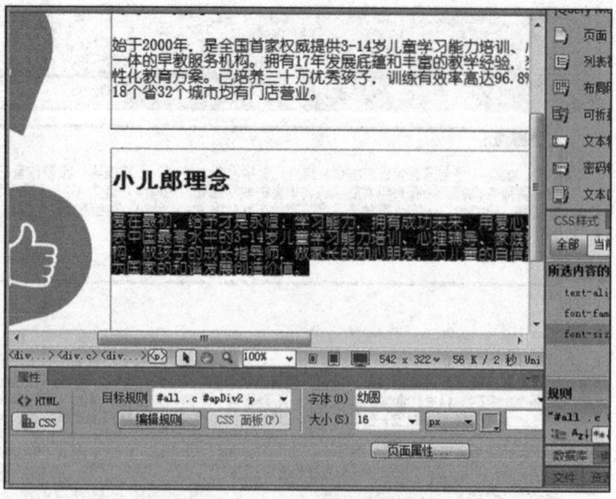

图4-18　设置其他文本格式

4.2.3　添加水平线

微课视频

添加水平线

在页面中插入水平线可以在不完全分割页面的情况下，以水平线为基准分为上下区域，也可以作为装饰页面应用，因此水平线的使用非常广泛，其具体操作如下。

（1）将插入点定位到段落开始处，选择【插入】/【HTML】/【水平线】菜单命令，或在"插入"面板中的"常用"栏中选择"水平线"选项即可，如图4-19所示。

（2）使用相同的方法在下方段落前添加一条水平线，效果如图4-20所示。

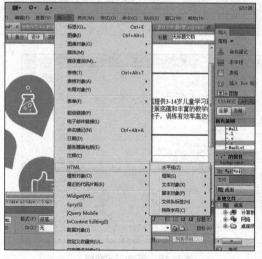

图4-19　选择命令

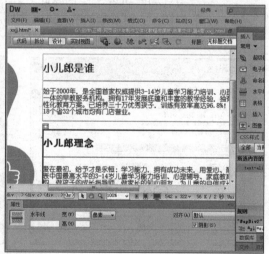

图4-20　添加水平线

多学一招

使用HTML标签

在当前网页中，切换到"代码"或"拆分"视图中，将插入点定位到需要插入水平线的标签位置，输入<hr>标签，同样可以插入默认的水平线。

4.2.4 添加空格

在网页文档中插入空格，不能像其他文字程序中那样通过按空格键来进行实现。并且在网页文档中要插入4个不换行空格符号，才能达到两个字符的位置，其具体操作如下。

（1）将插入点定位到"始于"文本前，选择【插入】/【HTML】/【特殊字符】/【不换行空格】菜单命令，或按【Ctrl+Shift+Space】组合键即可插入空格，连续操作8次，插入8个空格，如图4-21所示。

（2）切换到"代码"或"拆分"视图中，在"爱在最初"文本前输入8个" "符号编码，插入8个空格，如图4-22所示，完成本案例制作。

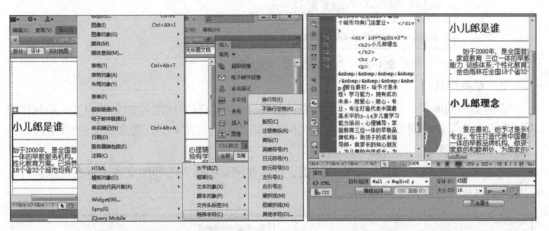

图4-21 选择不换行空格命令　　　　图4-22 添加空格

83

换行和分段操作技巧

在Dreamweaver CS6中，如果需要对输入的文字进行换行或分段操作，则可直接按【Shift+Enter】组合键进行换行，在HTML中表示为\<br\>标签；而分段则直接按【Enter】键即可，在HTML中表示为\<p\>标签。另外，在网页文档中添加常见的符号，都可以通过选择【插入】/【字符】菜单命令，在弹出的子菜单中选择不同的命令，来插入相应的字符。

4.3 项目实训

4.3.1 制作"优惠券说明"网页

1. 实训目标

本实训的目标是为落帆婚纱网站制作一个优惠券说明网页，要求清除阐述优惠券的使用要求和使用权利。本实训完成后的参考效果如图4-23所示。

素材所在位置　素材文件\第4章\项目实训\优惠券说明.docx
效果所在位置　效果文件\第4章\项目实训\yhqsm.html

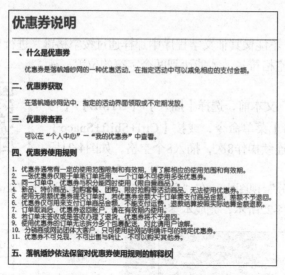

图4-23 "优惠券说明"网页效果

2. 专业背景

说明类型的网页，通常采用文字来进行解释，目前也有采用图片加文字的方式来制作说明网页，但为了加快网页的加载速度，许多网站仍然采用全文字的方式来制作说明网页。

3. 操作思路

完成本实训首先应创建一个空白网页，然后在网页中输入需要的文本，再对文本进行设置即可，其操作思路如图4-24所示。

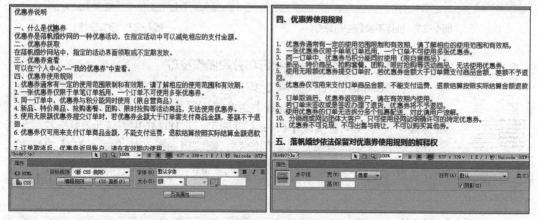

① 创建网页并输入文本 ② 设置文本样式

图4-24 优惠券说明网页制作思路

【步骤提示】

（1）启动Dreamweaver CS6，在欢迎界面单击"HTML"超链接，新建一个空白网页。

（2）在网页中输入相关的文本。具体内容可参考提供的"优惠券说明.docx"文档。

（3）选择"优惠券说明"文本，在属性面板的"格式"下拉列表中选择"标题1"选项，然后单击 页面属性 按钮，打开"页面属性"对话框。

（4）在左侧的列表中单击"标题（CSS）"选项，在右侧的"标题字体"下拉列表中选择"微软雅黑"选项，在"标题3"最右侧文本框中输入"#333"颜色值。

（5）单击 确定 按钮，然后选中其他标题文本，在"格式"下拉列表中选择"标题3"选项，应用标题3样式。

（6）选中剩下的正文文本，在"属性"面板中单击 CSS 按钮，然后在"字体"下拉列表中选择"幼圆"选项，在打开的"新建CSS规则"对话框中的"选择或输入选择器名称"文本框中输入"n"，然后单击 确定 按钮。

（7）将插入点定位到"一"文本前，然后在"插入"面板的"常用"栏中选择"水平线"选项，添加一条水平线。

（8）将插入点定位到"一、什么是优惠券"栏下的正文前，按8次【Ctrl+Shift+Space】组合键添加空格，然后使用相同的方法为其他正文文本添加空格。

（9）按【Ctrl+S】组合键打开"另存为"对话框，设置网页保存位置即可完成本实训操作。

4.3.2 制作"服务协议"网页

1. 实训目标

本实训的目标是为落帆婚纱网站制作一个服务协议网页，要求页面中清楚显示网站服务内容和相关权责。本实训完成后的参考效果如图4-25所示。

素材所在位置 素材文件\第4章\项目实训\服务协议.docx
效果所在位置 效果文件\第4章\项目实训\fwxy.html

微课视频

制作"服务协议"网页

图4-25 "服务协议"网页效果

2. 专业背景

服务协议类网页是大多网站中都需要使用到的页面，这类网页主要用于展示网站的相关服务协议，因此，最好采用文字展示，且文字最好条理清晰，结构明显，便于用户查看。

3. 操作思路

完成本实训首先需要创建网页，然后导入文本，在其中设置文本样式，最后保存网页，其操作思路如图4-26所示。

① 导入文本

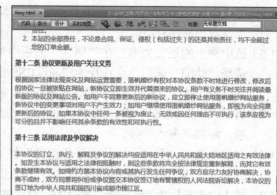

② 设置文本样式

图4-26 "服务协议"网页操作思路

【步骤提示】

（1）新建一个空白网页，将其以"fwxy.html"为名称进行保存。

（2）选择【文件】/【导入】/【Word文档】菜单命令，在打开的对话框中找到提供的"服务协议.docx"文件，然后双击，将其导入到Dreamweaver中。

（3）在"属性"面板中单击 页面属性 按钮，打开"页面属性"对话框，在其中选择"标题（CSS）"选项，在"标题字体"下拉列表中选择"微软雅黑"选项，分别在标题1和标题4后面的文本框中输入"#666"颜色值，单击 确定 按钮。

（4）由于导入到Dreamweaver中的文本只是进行了换行，并没有分段，因此，需要依次在页面中的段落结尾处按【Enter】键添加段落，然后选择"落帆婚纱服务协议"文本，在"格式"下拉列表中选择"标题1"选项。

（5）选择条款标题，在"格式"下拉列表中选择"标题4"选项，然后使用相同的方法为其他条款标题使用该格式。

（6）选择正文内容，然后单击 CSS 按钮，然后在"字体"下拉列表中选择"微软雅黑"选项，在打开的"新建CSS规则"对话框中的"选择或输入选择器名称"文本框中输入".l"，然后单击 确定 按钮。

（7）在字体颜色文本框中输入"#999"。

（8）选择带有编号的文本，然后选择【格式】/【列表】/【编号列表】菜单命令，然后在"目标规则"下拉列表框中选择"1"选项。

（9）使用相同的方法为其他有编号的条款进行编号设置，并删除原有编号。

（10）选择带有括号的编号文本内容，选择【格式】/【列表】/【项目列表】菜单命令，然后在"目标规则"下拉列表框中选择"1"选项，删除原有编号，保存网页，完成本实训操作。

4.4 课后练习

本章主要介绍了使用Dreamweaver制作基础网页的相关操作，包括创建网页、预览和关闭网页、保存网页、设置页面属性、添加文本、设置文本格式、添加空格、添加水平线等。

对于本章的内容，读者应认真学习和掌握，为后面进行网页设计与制作打下良好的基础。

练习1：制作"保修服务"网页

本练习要求制作一个"保修服务"页面，要求通过文本来说明网站的保修服务内容。制作时可打开本书提供的素材文件进行操作，参考效果如图4-27所示。

 素材所在位置 素材文件\第4章\课后练习\保修服务.docx
效果所在位置 效果文件\第4章\课后练习\bxfw.html

保修服务

一、服务条款

凡在落帆婚纱购买的产品，包括：婚纱、礼服、婚纱照，都可享受我们为您提供的三包服务。

二、保修条例

1.婚纱（请在购买时确认，不宜退货的商品除外）自物流签收日第二天零时算起，7天内（满168小时为七天）商品完好，在产品包装和配件等齐全，同时婚纱外观无损且无人为损坏等问题，可享受"7天无理由退货"。
2.签收后第二天起，7天内如出现非人为损坏，到落帆婚纱授权售后网点，可选择退货或更换同型号同规格商品或者免费维修服务。
3.签收日第二天算起，第8天至第15天内出现非人为损坏的，到华为授权售后网点，可选择更换同型号婚纱或维修服务。
4.商品自物流签收日期起婚纱如在一年内出现非人为损坏的，消费者可在落帆婚纱授权售后服务网点享受免费维修服务。
5.商品外观有任何磨损或刮花的，均不享受退换服务。
6.商品自物流签收日期起一年内，出现非人为损坏的，经两次修理，仍不能正常使用的，您可以选择免费维修或凭保修卡中修理者提供的有效修理记录，联系客服确认是否可以换货。

三、保修条款限制

1. 超过保修期；
2. 婚纱照饰品、赠品等不享受三包服务；
3. 未按产品使用说明书要求使用、维护、保养造成损坏的；
4. 由于使用失误如坠落、挤压、浸水而造成的损坏；
5. 由于水灾、火灾、雷击等不可抗力造成的损坏；
6. 由非落帆婚纱授权维修中心修理过的婚纱照；
7. 任何非落帆婚纱出售的产品，及产品上表明的型号、编号和制造号已经更改、删除、移动或不可辨认。

以上所列，若有变更，以本公司新制定的有关规定或国家更新的相关法律法规为准。具体保修条款请参照商品说明书保修条例。

微课视频

制作"保修服务"网页

图4-27 "保修服务"网页效果

要求操作如下。

- 新建一个空白网页文件，并将其保存。
- 打开提供的"保修服务.docx"文档，全选其中的文本并进行复制。
- 返回到Dreamweaver中，单击鼠标右键，在弹出的快捷菜单中选择"粘贴"命令粘贴文本。
- 选择相关的文本，并对其设置相应的格式。

练习2：制作"代金券说明"网页

本练习要求制作一个关于网站中代金券的使用说明网页，操作时可打开本书提供的素材文件进行操作，参考效果如图4-28所示。

 素材所在位置 素材文件\第4章\课后练习\代金券说明.docx
效果所在位置 效果文件\第4章\课后练习\djqsm.html

要求操作如下。

- 新建空白网页，然后单击 页面属性 按钮，打开"页面属性"对话框，在其中设置标题文本字体和颜色。
- 在其中输入文本，然后设置文本样式，并应用到其他文本中。

代金券说明

一、什么代金券

代金券是落帆婚纱网的一种优惠活动，可以在落帆婚纱网购物中抵扣同样等值的现金。

二、代金券获取

落帆婚纱代金券目前仅可通过参与抽奖活动获得。

三、代金券查看

代金券的消费及返还记录可以在"个人中心"—"代金券"中查看。

四、代金券使用规则

1. 同一订单可使用多张代金券，若代金券金额大于商品金额，抵扣后的剩余金额可再二次使用。
2. 同一订单，代金券可与优惠券一同使用。
3. 代金券可用于购买任意商品。
4. 代金券不可兑现、出售和转让。
5. 已支付成功的订单若产生取消或退货，代金券会退回您个人账户。

五、代金券与优惠券区别

1. 同一订单只能使用一张优惠券；但可使用多张代金券。
2. 优惠券需在有效期内使用；代金券无有效期，任何时间都可使用。
3. 优惠券仅可用于支付商品金额，不可用于运费；代金券除商品金额外还可支付运费。
4. 优惠券仅限指定商品使用；代金券用于购买任意商品。

六、落帆婚纱依法保留对代金券使用规则的解释权

图4-28　"代金券说明"网页效果

4.5　技巧提升

1．添加日期

在Dreamweaver中也可像在Office组件中一样，可以直接插入日期对象，该对象可以以任何格式插入当前的日期，并能在每次保存时都自动更新该日期。在Dreamweaver中，插入日期的方法很简单，可以直接通过选择【插入】/【日期】菜单命令或在"插入"浮动面板中的"常用"分类中单击"日期"按钮，打开"插入日期"对话框，设置日期的格式，单击 确定 按钮即可。

2．添加滚动文字

在很多网页中，都可以看到许多在滚动的文字，在Dreamweaver CS6中使用HTML代码可快速、轻松地添加滚动文字，只需要切换到"代码"或"拆分"视图中，在需要添加滚动文字的位置输入<marquee>文字内容</marquee>即可制作默认的滚动文字。如果想控制滚动文字效果，则可通过设置<marquee></marquee>标签属性值进行控制，如设置滚动文字的方向、速度和延迟等。

如滚动文字的代码：<marquee direction="up" scrollamount="3" height="120" bgcolor="#eee"></marquee>。

该代码表示设置文字滚动方向向上，滚动速度为"3"，滚动高度为"120px"，其背景颜色值为"#eee"。

CHAPTER 5

第5章

为网页添加元素

情景导入

米拉设计的简单网页得到老洪的肯定后，决定继续努力，设计出页面更加丰富、更加绚丽的网页。

学习目标

● 掌握美化酒店网页的方法。

如插入与编辑图像、优化图像、创建鼠标经过图像、插入Flash动画、添加背景音乐等。

● 掌握制作婚纱首页的方法。

如插入文本超链接、创建图像超链接、创建锚点超链接、创建外部超链接等。

案例展示

▲酒店首页

▲婚纱首页

5.1 课堂案例：美化"酒店预订"网页

为了丰富网页的内容，可为网页添加漂亮的图片或多媒体对象，并对这些图片和多媒体对象进行编辑。本例将对酒店预订网站的首页进行美化，完成后的参考效果如图5-1所示，下面具体讲解其制作方法。

素材所在位置 素材文件\第5章\课堂案例\jdyd.html、lb.swf……
效果所在位置 效果文件\第5章\课堂案例\jdyd.html

图5-1 美化网站首页效果

5.1.1 插入与编辑图像

图像是一个网站中必不可少的元素，设计出图文并茂的网页能提高浏览者的视觉效果，增加浏览量。下面将介绍在"jdyd.html"网页中插入与编辑图像的方法，其具体操作如下。

微课视频

插入与编辑图像

（1）启动Dreamweaver CS6，打开"jdyd.html"网页，将插入点定位到第一个表格中，选择【插入】/【图像】菜单命令。

（2）打开"选择图像源文件"对话框，在其中选择提供的素材图片"bz.jpg"，单击 确定 按钮，如图5-2所示。

（3）打开"图像标签辅助功能属性"对话框，在"替换文本"下拉列表框中输入文本，如果图片无法正常显示，将显示该下拉列表中输入的文本内容，这里不输入文字，直接单击 确定 按钮，如图5-3所示。

图5-2 选择图像　　　　　　　　　图5-3 设置图像替换文本

是否复制图像到站点

若用户插入网页中的图片没有位于站点根目录下，将会打开"Dreamweaver"提示对话框，询问是否将图片复制到站点中，以便后期发布可以找到图片，直接单击 ▇▇(Y) 按钮即可。

（4）此时选择的图片将插入到插入点所在的位置，效果如图5-4所示。

图5-4 插入网页中的图像

快速查找源文件

插入图像后，在图像上单击鼠标右键，在弹出的快捷菜单中选择"源文件"命令，可快速打开该图像保存位置对应的对话框，在其中可选择其他图片快速替换插入的图片。

（5）通过观察，发现插入的图片大小不能满足需要，因此选择图片，将鼠标指针移动到右下角，当其变为双向箭头时按住【Shift】键拖曳鼠标调整图像尺寸，如图5-5所示。

精确调整图像大小

相比于拖曳控制点直观地调整图像尺寸而言，若想精确控制图像大小，可在选择图像后，在"属性"面板的"宽"和"高"文本框中输入数字进行调整。但若未按比例输入数字，则可能导致图像变形。

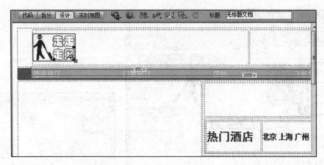

图5-5　调整图像尺寸

5.1.2　优化图像

　　图像的效果在网页中呈现出来的感觉比预期差时，可利用 Dreamweaver提供的美化和优化功能对图形做进一步处理，其具体操作如下。

（1）将插入点定位到左下侧第一行单元格中，利用前面介绍的方法将"未标题-1_01.png"图片插入到单元格中，如图5-6所示。

（2）将插入点定位到左下侧第2行单元格中，在"插入"面板的"常用"栏中单击"图像"按钮，在打开的对话框中选择"未标题-1_13.png"图片，将其插入到图像中。

（3）选择插入的图片，在"属性"面板中单击"亮度和对比度"按钮，在打开的提示对话框中单击　确定(0)　按钮，如图5-7所示。

图5-6　插入图片　　　　　　　　　　　　　　　　图5-7　确认设置

（4）打开"亮度/对比度"对话框，在"亮度"和"对比度"文本框中分别输入"37"和"31"，单击　确定　按钮即可，如图5-8所示。

图5-8　调整亮度和对比度

（5）单击"属性"面板中的"裁剪"按钮 🔲，在打开的提示对话框中单击 确定(O) 按钮，此时图像上将出现裁剪区域，拖曳该区域四周的控制点调整裁剪后保留的图像范围，如图5-9所示。

（6）调整好裁剪范围后按【Enter】键确认裁剪即可，如图5-10所示。

图5-9　调整裁剪范围　　　　　　　　　　　图5-10　裁剪后的图像效果

（7）单击"属性"面板中的"编辑图像设置"按钮 🔗，打开"图像优化"对话框，在"格式"下拉列表框中选择"JPEG"选项，在"品质"文本框中输入"86"，单击 确定 按钮确认设置，如图5-11所示。

（8）图像效果如图5-12所示。

图5-11　调整图像品质　　　　　　　　　　图5-12　优化图像后的效果

（9）使用前面介绍的方法继续为网页添加相关的图片，完成后的效果如图5-13所示。

图5-13　添加其他图像后的效果

（10）选择"热门酒店"文本所在的表格，在"CSS样式"面板中单击"新建CSS规则"按钮，如图5-14所示。

（11）在打开的"新建CSS规则"对话框中的"选择或输入选择器名称"下拉列表中输入".bg"文本，单击 确定 按钮，如图5-15所示。

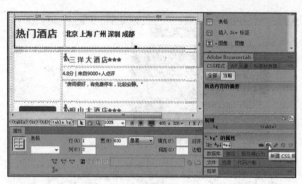

图5-14　选择表格并单击按钮

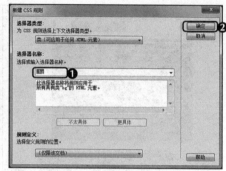

图5-15　新建CSS规则

（12）打开".bg的CSS规则定义"对话框，在"分类"栏中选择"背景"选项，在右侧按照如图5-16所示的方法进行设置。

（13）单击 确定 按钮确认设置，效果如图5-17所示。

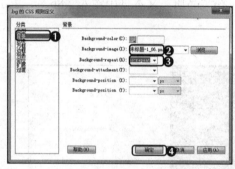

图5-16　设置表格背景图片

图5-17　查看效果

5.1.3　创建鼠标经过图像

鼠标经过图像是指在浏览网页时，将鼠标指针移动到图像上，会立刻显示出另一种效果，当鼠标指针移出后，图像又恢复为原始图像，其具体操作如下。

（1）将插入点定位到网页右侧的单元格中，选择【插入】/【图像对象】/【鼠标经过图像】菜单命令。

（2）打开"插入鼠标经过图像"对话框，单击"原始图像"文本框右侧的 浏览 按钮，如图5-18所示。

（3）打开"原始图像："对话框，选择素材中提供的"fd.png"图像，单击 确定 按钮，如图5-19所示。

微课视频

创建鼠标经过图像

图5-18　浏览图像

图5-19　选择原始图像

（4）返回"插入鼠标经过图像"对话框，按相同方法将"鼠标经过图像"设置为"未标题-1_09.png"图像，单击 确定 按钮，如图5-20所示。

（5）按【Ctrl+S】组合键保存网页，按【F12】键预览网页效果，此时将鼠标指针移至网页下方的图像上，该图像将自动更改为"未标题-1_09.png"图像的效果，如图5-21所示。

图5-20　设置鼠标经过图像

图5-21　鼠标经过图像的效果

鼠标经过图像设置的注意事项

　　设置鼠标经过图像时，一定要注意两点：原始图像和鼠标经过图像的尺寸应保持一致；原始图像和鼠标经过图像的内容要有一定的关联。一般可通过更改颜色和字体等方式设置鼠标经过的前后图像效果。

5.1.4　插入Flash动画

　　网页上常见的动态闪烁的文字、图片，以及轮播广告等对象基本上都是SWF动画，在Dreamweaver中可以很方便地插入该对象，其具体操作如下。

（1）将插入点定位在右下侧第一个单元格中，选择【插入】/【媒体】/【SWF】菜单命令，打开"选择 SWF"对话框，选择"lb.swf"动画文件，单击 确定 按钮，如图5-22所示。

（2）打开"对象标签辅助功能属性"对话框，单击 确定 按钮，如图5-23所示。

微课视频

插入 Flash 动画

图5-22 选择SWF动画　　　　　　　　　　图5-23 设置对象标题

（3）插入SWF动画后，在"属性"面板中单击选中"循环"复选框和"自动播放"复选框，在"Wmode"下拉列表中选择"透明"选项，如图5-24所示。

图5-24 设置 SWF 动画

（4）保存并预览网页，此时将显示出插入的SWF动画效果。

网页视频格式选择技巧

　　目前网络中可以播放的常用的视频文件格式有5种。RM：该格式可根据不同的网络传输速率制定不同的压缩比率，从而实现低速率在网络上进行影像数据实时传送和播放。用户使用RealPlayer播放器可以在不下载音视频内容的情况下在线播放；AVI：音视频交错格式的英文缩写。优点是图像质量好，可跨平台使用，缺点是文件过大，压缩标准不统一；MPEG：VCD、DVD光盘上的视频格式，画质较好，目前有5种压缩标准，分别是MPEG-1、MPEG-2、MPEG-4、MPEG-7、MPEG-21；WMV：是Microsoft推出的一种流媒体格式，在同等视频质量下，WMV格式的体积非常小，因此很适合在网上播放和传输；SWF：Flash动画设计软件的专用格式，被广泛用于网页设计和动画制作领域。该格式普及程度高，99%的网络使用者都可读取该文件，前提是浏览器必须安装Adobe Flash Player插件。

5.1.5　添加背景音乐

通过添加背景音乐的方式在网页中添加音乐，可在打开页面时自动播放音乐，同时不会占用页面空间，其具体操作如下。

（1）选择【插入】/【标签】菜单命令，打开"标签选择器"对话框，在左侧列表框中双击展开"HTML 标签"文件夹，在其下的内容中双击"页面元素"选项，在展开的目录中选择"浏览器特定"选项，然后双击右侧列表框中的"bgsound"选项，如图5-25所示。

（2）打开"标签编辑器 - bgsound"对话框，单击"源"文本框右侧的 浏览 按钮，在打开的对话框中选择"yy.mp3"作为背景音乐文件，在"循环"下拉列表中选择"无限"选项，如图5-26所示，单击 确定 按钮关闭对话框，返回"标签选择器"对话框，单击 关闭(C) 按钮。

图5-25　选择标签　　　　　　　图5-26　设置背景音乐

通过代码快速添加背景音乐

直接在代码视图中输入"<bgsound src="bgmusic.mp3" loop="-1" />"代码，也可为网页添加"bgmusic.mp3"背景音乐，并无限循环播放。

（3）完成设置后将网页保存即可，按【F12】键即可预览网页效果。

网页中的音频选择

WAV：用于保存Windows平台的音频信息资源，支持多种音频位数、采样频率和声道，是目前电脑中使用较多的音频文件格式；MP3：MP3就是指MPEG标准中的音频部分，MPEG音频文件的压缩是一种有损压缩，原理是丢失音频中的12kHz~16kHz高音频部分的质量来压缩文件大小；MIDI格式：是数字音乐接口的英文缩写，MIDI传送的是音符、控制参数等指令，本身不包含波形数据，文件较小，是最适合作为网页背景音乐的文件格式。

5.2 课堂案例：链接"婚纱礼服"网页

老洪告诉米拉，学会了制作单个网页后，还需要学会使用超链接将单个网页链接起来，组成完整的网站，因此老洪让米拉练习为婚纱礼服网站设置超链接，使网页灵活起来。本例的参考效果如图5-27所示，下面具体讲解其制作方法。

素材所在位置 素材文件\第5章\课堂案例\img\index.html、xqy.html……
效果所在位置 效果文件\第5章\课堂案例\img\index.html、xqy.html

图5-27 链接"婚纱礼服"网页效果

5.2.1 认识超链接

超链接可以将网站中的每个网页关联起来，是制作网站必不可少的元素。为了更好地认识和使用超链接，下面介绍其组成和种类。

1. 超链接的组成

超链接主要由源端点和目标端点两部分组成，有超链接的一端称为超链接的源端点（当鼠标指针停留在上面时会变为👆形状，见图5-28），单击超链接源端点后跳转到的页面所在的地址称为目标端点，即"URL"。

图5-28　鼠标指针移至超链接上的形状

"URL"是英文"Uniform Resource Locator"的缩写,表示"统一资源定位符",它定义了一种统一的网络资源的寻找方法,所有网络上的资源,如网页、音频、视频、Flash、压缩文件等,均可通过这种方法来访问。

"URL"的基本格式:"访问方案://服务器:端口/路径/文件#锚记",下面分别介绍各个组成部分。

- **访问方案**:用于访问资源的URL方案,这是在客户端程序和服务器之间进行通信的协议。访问方案有多种,如引用Web服务器的方案是超文本协议(HTTP),除此以外,还有文件传输协议(FTP)和邮件传输协议(SMTP)等。
- **服务器**:提供资源的主机地址,可以是IP或域名,如上例中的"baike.baidu.com"。
- **端口**:服务器提供该资源服务的端口,一般使用默认端口,HTTP服务的默认端口是"80",通常可以省略。当服务器提供该资源服务的端口不是默认端口时,一定要加上端口才能访问。
- **路径**:资源在服务器上的位置,如上例中的"view"说明地址访问的资源在该服务器根目录的"view"文件夹中。
- **文件**:指具体访问的资源名称,如上例中访问的是网页文件"10021486.htm"。
- **锚记**:HTML文档中的命名锚记,主要用于对网页的不同位置进行标记,是可选内容,当网页打开时,窗口将直接呈现锚记所在位置的内容。

2. 超链接的种类

超链接的种类主要有以下几种。

- **相对链接**:这是最常见的一种超链接,它只能链接网站内部的页面或资源,也称内部链接,如"ok.html"链接表示页面"ok.html"和链接所在的页面处于同一个文件夹中;又如"pic/banner.jpg",表明图片"banner.jpg"在创建链接的页面所处文件夹的"pic"文件夹中。一般来讲,网页的导航区域基本上都是相对链接。
- **绝对链接**:与相对链接对应的是绝对链接,绝对链接是一种严格的寻址标准,包含了通信方案、服务器地址、服务端口等,如"http://baike.baidu.com/img/banner.jpg",通过它就可以访问"http://baike.baidu.com"网站内部"img"文件夹中的图片"banner.jpg",因此绝对链接也称为外部链接。网页中涉及的"友情链接"和"合作伙伴"等区域基本上就是绝对链接。
- **文件链接**:当浏览器访问的资源是不可识别的文件格式时,浏览器就会弹出下载窗口提供该文件的下载服务,这就是文件链接的原理。运用这一原理,网页设计人员可以在页面中创建文件链接,链接到将要提供给访问者下载的文件,访问者单击该链接就可以实现文件的下载。

- **空链接**：空链接并不具有跳转页面的功能，而是提供调用脚本的按钮。在页面中为了实现一些自定义的功能或效果，常常在网页中添加脚本，如JavaScript和VBScript，而其中许多功能是与访问者互动的，比较常见的是"设为首页"和"收藏本站"等，它们都需要通过空链接来实现，空链接的地址统一用"#"表示。
- **电子邮件链接**：电子邮件链接提供浏览者快速创建电子邮件的功能，单击此类链接后即可进入电子邮件的创建向导，其最大特点是预先设置好了收件人的邮件地址。
- **锚点链接**：用于跳转到指定的页面位置。适用于当网页内容超出窗口高度，需使用滚动条辅助浏览的情况。使用命名锚记有两个基本过程，即插入命名锚记和链接命名锚记。

超链接的HTML代码

代码区中<a>标签代表超链接，通常语法为<a herf="#">，其中#表示超链接的地址。

5.2.2 插入文本超链接

文本超链接是网页中使用最多的超链接。下面在"xqy.html"网页中创建文本超链接，其具体操作如下。

微课视频

插入文本超链接

（1）打开素材网页"xqy.html"，选择"首页"文本，单击"属性"面板中的 <> HTML 按钮，然后单击"链接"文本框右侧的"浏览文件"按钮 ，如图5-29所示。

（2）打开"选择文件"对话框，选择"index.html"网页文件，单击 确定 按钮，如图5-30所示。

图5-29　选择文本　　　　　　　　　　图5-30　选择链接文件

（3）完成文本超链接的创建，此时"首页"文本的格式将呈现超链接文本独有的格式，即"蓝色+下划线"格式，如图5-31所示。

（4）观察发现，默认超链接的下划线样式不符合网站风格，因此需要修改超链接的样式，在"属性"面板单击 页面属性... 按钮，打开"页面属性"对话框。

（5）在左侧列表中选择"链接（CSS）"选项，在右侧"下划线样式"下拉列表中选择"始终无下划线"选项，单击 确定 按钮，如图5-32所示。

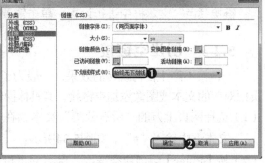

图 5-31 完成超链接的创建　　　　　　　　　　图 5-32 修改超链接样式

设置超链接的打开方式

创建超链接时，还可在"属性"面板的"目标"下拉列表中设置链接目标的打开方式，包括"blank""new""parent""self"和"top"5种选项。其中，"blank"表示链接目标会在一个新窗口中打开；"new"表示链接将在新建的同一个窗口中打开；"parent"表示如果是嵌套框架，则在父框架中打开；"self"表示在当前窗口或框架中打开，这是默认方式；"top"表示将链接的文档载入整个浏览器窗口，从而删除所有框架。

（6）观察发现，超链接文本的颜色与网站文本的主色调不匹配，单击 拆分 按钮，在代码区找到"a:link {text-decoration: none;}"代码，将其修改为".ul a:link {color:#FFF; text-decoration: none;}"，效果如图5-33所示。

图 5-33 修改超链接文本颜色

<table>
<tr><td rowspan="2">知识提示</td><td colspan="2">**修改CSS代码的原因**</td></tr>
<tr><td></td></tr>
</table>

修改CSS代码的原因

通过修改CSS代码的方式来更改超链接文本颜色，可以单独针对某个或某种超链接进行颜色设置，例如，这里".ul a:link {color:#FFF; text-decoration: none;}"就只针对应用了ID为ul的html内容有效。若要统一修改网页中超链接文本的颜色，可在"页面属性"对话框的"链接（CSS）"选项卡中的"链接颜色"文本框中进行设置，单击需要设置颜色的色块，选择需要的颜色即可。

5.2.3 创建空链接

空链接不产生任何跳转的效果，一般为了统一网页外观，会为当前页面对应的文本或图像添加空链接，其具体操作如下。

（1）选择网页上方的"所有分类"文本，在"属性"面板的"链接"文本框中输入"#"，如图5-34所示。

（2）按【Enter】键创建空链接。保存网页设置并预览网页，单击"所有分类"超链接，可发现页面并没有发生任何改变，效果如图5-35所示。

图5-34 添加空链接

图5-35 空链接效果

5.2.4 创建图像超链接

图像超链接也是一种常用的链接类型，其创建方法与文本超链接类似，其具体操作如下。

（1）打开素材网页"index.html"，单击选中Banner区的图片，单击"属性"面板中"链接"文本框右侧的"浏览文件"按钮 ，如图5-36所示。

（2）打开"选择文件"对话框，在其中选择"xqy.html"网页文件，单击 确定 按钮，如图5-37所示。

（3）若链接的对象没有在同一站点中，将打开"Dreamweaver"提示对话框，单击 是(Y) 按钮，确认将网页文件复制到站点中即可，保存网页设置，完成图像超链接的创建。

图5-36 选择图像　　　　　　　　　　图5-37 指定链接的网页

其他添加超链接的方法

　　如果知道链接目标所在的具体路径，可直接在"链接"文本框中输入路径内容，然后按【Enter】键快速实现超链接的创建。通过鼠标拖曳"指向文件"按钮 到"文件"面板中的网页文件上，也可快速创建超链接。

5.2.5　创建热点图片超链接

　　热点图片超链接是一种非常实用的链接工具，它可以将图像中的指定区域设置为超链接对象，从而实现单击图像上的指定区域，跳转到指定页面的功能，其具体操作如下。

（1）打开素材网页"xqy.html"，选择网页上方的图像，单击"属性"　面板中的"矩形热点工具"按钮 。

（2）在图像上的标志区域位置拖曳鼠标绘制热点区域，释放鼠标后单击"属性"面板中"链接"文本框右侧的"浏览文件"按钮 ，如图5-38所示。

（3）打开"选择文件"对话框，选择"index.html"网页文件，单击 确定 按钮，如图5-39所示。

微课视频

创建热点图片超链接

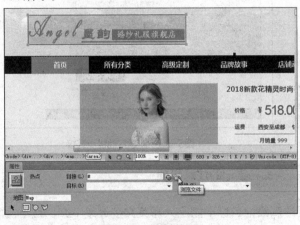

图5-38 创建超链接　　　　　　　　　　图5-39 选择网页文件

5.2.6 创建锚点超链接

利用锚点超链接可以实现在同一网页中快速定位的效果，这在网页内容较多的情况下非常有用。创建锚点超链接需要插入并命名锚记，然后对锚记进行链接，其具体操作如下。

微课视频

创建锚点超链接

（1）将插入点定位到"设计理念"位置，选择【插入】/【命名锚记】菜单命令，打开"命名锚记"对话框，在"锚记名称"文本框中输入"sjln"文本，如图5-40所示。

（2）单击 确定 按钮，利用相同的方法，分别为其他文本命名锚记，效果如图5-41所示。

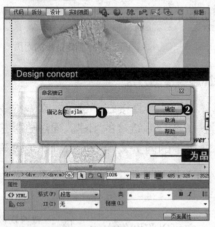

图5-40 命名锚记

图5-41 命名其他锚记

（3）选择网页右侧的"设计理念"文本，在"属性"面板的"链接"文本框中输入"#sjln"，如图5-42所示。

（4）按【Enter】键确认创建锚点链接，此时该文本也将应用文本超链接的格式。

（5）用相同方法继续为其他文本创建对应名称的锚点链接，如图5-43所示。

图5-42 输入锚点链接

图5-43 创建其他锚点链接

命名锚记的注意事项

命名锚记时，需要注意锚记名称不能是大写英文字母或中文，且不能以数字开头。

5.2.7　创建电子邮件超链接

在网页中创建电子邮件超链接，可以方便网页浏览者利用电子邮件给网站发送相关邮件，其具体操作如下。

（1）选择网页下方"联系我们"文本，在"属性"面板的"链接"文本框中输入"mailto:jnw.vip@sina.com"，如图5-44所示。

（2）按【Enter】键，保存并预览网页，单击"联系我们"超链接，如图5-45所示，此时将启动Outlook电子邮件软件（计算机上需安装有此软件），浏览者只需输入邮件内容并发送邮件即可。

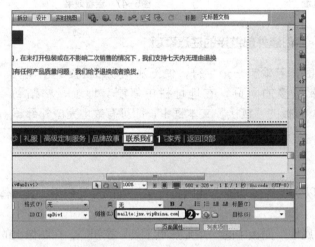

图5-44　选择文本并输入链接地址

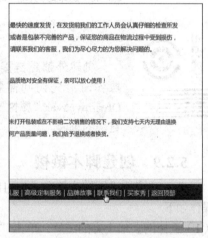

图5-45　电子邮件超链接效果

其他创建电子邮件超链接的方法

在"插入"面板的"常用"工具栏中选择"电子邮件链接"选项，此时将打开"电子邮件链接"对话框，在"文本"文本框中输入链接的文本内容，在"电子邮件"文本框中输入邮件地址，单击 确定 按钮即可在当前插入点处为"文本"中的文本创建超链接。需要注意的是，利用对话框创建电子邮件链接时，在"电子邮件"文本框中无需输入"mailto:"，但若直接在"属性"面板的"链接"文本框中输入电子邮件地址时，则必须输入该内容。

5.2.8　创建外部超链接

外部超链接指链接到其他网站网页中的链接，这类链接需要完整的URL地址，因此需要通过输入的方式来创建，其具体操作如下。

（1）选择网页上的"分享"文本，在"属性"面板的"链接"文本框中直接输入"http://www.sina.com.cn/"，如图5-46所示。

（2）完成外部超链接的创建，此时所选文本的格式同样会发生变化，如图5-47所示，保存设置的网页。

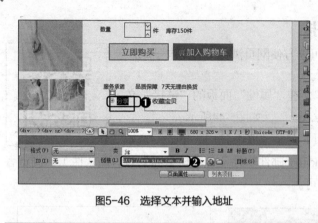

图5-46　选择文本并输入地址　　　　　　　　图5-47　查看效果

知识提示

创建外部链接的注意事项

　　创建外部超链接时，若输错一个字符，便无法完成超链接的创建。操作时可先访问需要链接的网页，在地址栏中复制其地址，粘贴到Dreamweaver"属性"面板的"链接"文本框中，即可有效地完成外部超链接的创建。

5.2.9　创建脚本链接

　　脚本链接的设置较为复杂，但可以实现许多功能，让网页产生更强的互动效果，其具体操作如下。

（1）选择网页最上方的图片，单击"属性"面板中的"矩形热点工具"按钮□，在图像上的标志区域位置拖曳鼠标绘制热点区域，释放鼠标后在"属性"面板的"链接"文本框中输入"javascript:window.external.addFavorite('http://www.index.net','墨韵')"，其前半部分的内容是固定的，后半部分小括号中的前一个对象是需收藏网页的地址，后一个对象是该网页在收藏夹中显示的名称，如图5-48所示。

（2）按【Enter】键创建脚本链接。保存网页设置并预览网页，单击创建的图像热点区域超链接即可打开"添加到收藏夹"对话框，保存网页设置并预览网页。

微课视频

创建脚本链接

图5-48　设置脚本链接

设置当前网页为浏览器首页

　　将网页设置为浏览器首页的方法是找到"设为首页"文本左侧的空链接代码""#"",在该代码右侧单击鼠标定位插入点,然后输入空格,输入"设为首页"的脚本代码"onClick="this.style.behavior='url(#default#homepage)';this.setHomePage('http://www.jnw.net/')""。

5.3 项目实训

5.3.1 制作"科技产品"网页

1. 实训目标

　　本实训的目标是制作"科技产品"网页,通过插入Flash文件、图像、图像占位符来直观地展示网页中的内容,并对图像进行编辑,最后输入文本。本实训完成后的参考效果如图5-49所示。

素材所在位置 素材文件\第5章\项目实训\keji\index.html、images\
效果所在位置 效果文件\第5章\项目实训\keji\index.html

图5-49 "科技产品"网页

微课视频

制作"科技产品"网页

2. 专业背景

　　在网页中添加的图像格式非常多,但需要注意的是,能在网页中使用的格式只有JPGE、GIF、PNG。这3种图像格式的特点介绍如下。

(1)JEPG图像

● 支持1670万种颜色,可以设置图像质量,其图像大小由其质量高低决定,质量越高文件越大,质量越低文件越小。

● 是一种有损压缩,在压缩处理过程中,图像的某些细节将被忽略,从而局部变得模糊，但一般非专业人士看不出来。不支持GIF格式的背景透明和交错显示。

（2）GIF图像

- 网页上使用最早、应用最广的图像格式，能被所有图像浏览器兼容。
- 是一种无损压缩，在压缩处理过程中不降低图像品质，而是减少显示色，最多支持256色的显示，不适合于有光晕、渐变色彩等颜色细腻的图片和照片。
- 支持背景透明的功能，便于图像更好地融合到其他背景色中。
- 可以存储多张图像，并能以动态显示。

（3）PNG图像

- 网络专用图像，具有GIF格式和JPEG格式的双重优点。
- 是一种无损压缩，压缩技术比GIF优秀。
- 支持的颜色数量达到1670万种，同时还包括索引色、灰度、真彩色图像。
- 支持Alpha通道透明。

3. 操作思路

完成本实训需要先插入Flash文件，然后插入图片并进行编辑，最后插入图像占位符，其操作思路如图5-50所示。

① 插入SWF文件　　　　　② 插入图片　　　　　③ 插入图像占位符

图5-50　"科技产品"网页的制作思路

【步骤提示】

（1）打开"index.html"素材网页，在表格第一行中插入"科技.swf"素材文件。

（2）在第3行第2列中插入图片素材"big.jpg"，并对图片进行裁剪和缩放操作，使其大小适合网页。

（3）在表格中插入图像占位符，设置其宽、高分别为"120""100"。然后为占位符选择图像源文件，分别为"01.jpg"~"06.jpg"。

（4）输入图像占位符图片所对应的文本，完成网页的制作。

5.3.2　制作"订单"网页

1. 实训目标

本实训的目标是制作"订单"网页，主要包括文本、图片、电子邮件、空链接等操作，并通过页面属性设置来设置超链接的属性。本实训完成后的参考效果如图5-51所示。

素材所在位置　素材文件\第5章\项目实训\order\
效果所在位置　效果文件\第5章\项目实训\order\order.html

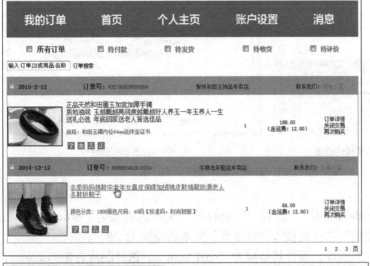

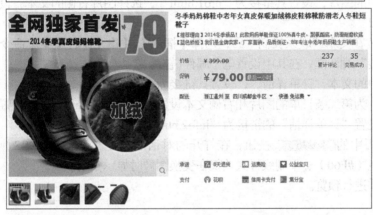

图5-51 "订单"网页效果

2. 专业背景

订单类的网页多用于购物类的网站，这类网页需要为用户选择的物品添加相关的超链接，便于用户查看和对比，这类网页添加的超链接一般是文字超链接和图片超链接，并且最好设置超链接的样式。

3. 操作思路

完成本实训的操作思路如图5-52所示。

① 设置文本和空链接

图5-52 制作"订单"网页的操作思路

② 设置电子邮件链接

③ 设置链接属性

图5-52　制作"订单"网页的操作思路（续）

【步骤提示】

（1）打开素材网页"order.html"，设置"所有订单"文本的链接为"order.html"，设置"待付款""待发货""待收货""待评价"文本的链接为"#"。

（2）选择第一条订单中的图片，设置其链接为"pro1.html"，选择图片右侧的文本，设置其链接为"pro1.html"。

（3）将光标插入点定位在文本"联系我们"后，选择【插入】/【电子邮件】菜单命令，打开"电子邮件链接"对话框，在其中设置电子邮件链接。

（4）选择第一条订单中的文本"订单详情"，设置其链接为"info1.html"。

（5）使用相同的方法，为第二条订单的图片和右侧文本设置链接"pro2.html"，并设置电子邮件链接，然后设置"订单详情"的链接为"info2.html"。

（6）单击"属性"面板中的 页面属性 按钮，在打开的对话框中设置"链接（CSS）"属性，包括链接颜色（#F60）、下划线样式（仅在变换图像时显示下划线）。

（7）完成后保存网页并进行预览。

5.4　课后练习

　　本章主要介绍了使用Dreamweaver添加图像、动画和音乐来美化网页，以及为网页插入超链接的操作。对于本章的内容，讲到了网页的美化，以及网页间的切换，读者应掌握其原理与制作方法。

练习1：制作"服装"网页

　　本练习要求打开服装网页"index.html"，先在其中插入背景音乐，然后插入图像，在导航下方通过图像占位符进行图像的添加，并输入和设置文字的样式，参考效果如图5-53所示。

> 微课视频
>
> 制作"服装"网页

素材所在位置　素材文件\第5章\课后练习\clothes\index.html……
效果所在位置　效果文件\第5章\课后练习\clothes\index.html……

　　要求操作如下。

● 打开"index.html"网页，通过插入标签的方法在其中插入背景音乐"music.mp3"。

● 在导航文本上方选择【插入】/【图像】菜单命令插入素材文件"top.jpg"。

● 在下方的位置插入图像占位符（可只插入一个图像占位符，然后通过复制与粘贴的方法来设置其他的图像，最后在图像下方输入并设置文本的格式）。

销量TOP3>>   热卖单品>>

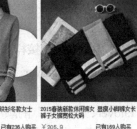

2015春装新款百搭显瘦上衣，白色衬衣，大码衬衣

¥ 155.9　已有2336人购买

2015春装新款日韩女装套装，家居服，轻便舒适

¥ 215.9　已有2236人购买

2015春装新款连衣裙，小碎花，打底裙，小清新

¥ 125.9　已有366人购买

2015春装新款上衣，白色衬衣，大码衬衣

¥ 155.9　已有2336人购买

2015春装新款日韩女装套装，家居服，轻便舒适

¥ 215.9　已有2236人购买

2015春装新款打底衫，薄款百搭显瘦套头打底衫

¥ 15.9　已有360人购买

2015韩版新款保暖打底针织衫冬款女士百搭显瘦套头毛衣

¥ 178.9　已有236人购买

2015春装新款休闲哈伦裤女 显瘦小脚裤宽松大码裤子女裤宽松大码

¥ 205.9　已有169人购买

图5-53 "服装"网页效果

练习2：制作"产品介绍"网页

本练习要求制作"产品介绍"网页，通过为"tea.html"网页文档中的文本、图片创建超链接来巩固文本和图片超链接的创建方法。参考效果如图5-54所示。

素材所在位置　素材文件\第5章\课后练习\tea\tea.html
效果所在位置　效果文件\第5章\课后练习\tea\tea.html

要求操作如下。
● 打开"tea.html"素材网页，选择页面左侧的图片文件，在"属性"面板中的"链接"文本框中输入"pic.html"。然后为右侧的图片设置相同的链接文件。
● 选择文本"功效"，在"属性"面板中的"链接"文本框中输入"effect.html"，然后为下方的"更多>>"文本设置相同的链接文件。
● 选择文本"营养价值"，在"属性"面板中的"链接"文本框中输入"nutrition.html"，完成后保存网页并预览效果。

制作"产品介绍"网页

图5-54　"产品介绍"网页效果

5.5　技巧提升

1．在CSS中定义超链接样式a:link、a:visited、a:hover、a:active的顺序

a:link、a:visited、a:hover、a:active这几个元素在定义CSS时的顺序不同，其链接显示的效果也不同。由于浏览器解释CSS时遵循"就近原则"，因此在定义时需要按照"a:link、a:visited、a:hover、a:active"的顺序来定义。其中"a:link"表示设置对象a在未被访问前的样式；"a:visited"表示设置对象a在其链接地址已被访问过时的样式；"a:hover"表示设置对象a在其鼠标悬停时的样式；"a:active"表示设置对象a在鼠标点击与释放之间发生事件时的样式。

2．删除链接图片上的蓝色边框

在网页中，若为图片设置了图像超链接，在预览网页时，将会在图片上显示一个蓝色的边框，表示该图片有图像超链接。若要隐藏这个蓝色的边框，可在Dreamweaver CS6的"设计"视图中选中图像，然后在"代码"视图中的所选代码最后一个元素后面添加"border="0""代码即可。

3．设置鼠标移动到文字链接上改变文字的大小或颜色

在<head></head>代码之间输入以下代码即可实现将鼠标移动到文字链接上时，文字变为18号字体，颜色变为红色。

```
<style type="text/css">
a:link {font-size:12px; text-decoration:none; color:#000;}
a:visited{font-size:12px; text-decoration:none; color:#000;}
a:hover{font-size:18px; text-decoration:none; color:#F00;}
a:active{font-size:14px; text-decoration:none; color:#00F;}
</style>
```

CHAPTER 6

第6章
布局网页版面

情景导入

　　一个成功的网站需要对其结构进行合理的布局，因此，学会网页布局是一个网页设计师必备的技能，老洪让米拉多参考一些好的布局网站，以从中获取经验。

学习目标

- 掌握使用框架和表格布局网页的方法。

  如创建框架和框架集、保存框架和框架集、设置框架集和框架属性、创建与调整表格、设置表格与单元格属性、在表格中插入内容等。

- 掌握使用CSS+DIV布局网页的方法。

  如插入和编辑DIV标签、使用AP Div元素、创建CSS样式、编辑CSS样式等。

案例展示

▲ "酒店预订"网页

▲ 婚纱礼服网页

6.1　课堂案例：布局"酒店预订"网页

为了使网页更加美观，可通过使用表格或单元格美化网页布局，同时也可创建框架和框架集制作网页整体架构。本例将制作一个酒店预订网页，完成后的参考效果如图6-1所示，下面具体讲解其制作方法。

素材所在位置　素材文件\第6章\课堂案例1\nrong.html、bz.jpg、nr.jpg
效果所在位置　效果文件\第6章\课堂案例1\index.html……

图6-1　"酒店预订"网页效果

6.1.1　创建表格

表格不仅可以为页面进行宏观的布局，还可以使页面中的文本、图像等元素更有条理。Dreamweaver CS6的表格功能强大，用户可以快速、方便地创建出各种规格的表格，其具体操作如下。

微课视频

创建表格

（1）新建一个"空白页"文档，并将其以"dh.html"为名进行保存。

（2）将插入点定位到网页文档的空白区域中，然后选择【插入】/【表格】菜单命令，打开"表格"对话框，在其中按照图6-2所示的方法进行设置。

（3）单击 确定 按钮，即可在插入点处添加一个表格，如图6-3所示。

（4）将插入点定位到第一行单元格中，按【Ctrl+Alt+T】组合键打开"表格"对话框，在其中按照图6-4所示的方法进行设置并单击 确定 按钮。

图6-2 "表格"对话框

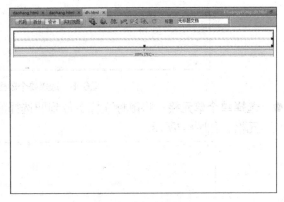
图6-3 创建的表格

（5）继续将插入点定位到第二行单元格中，使用相同的方法打开"表格"对话框，并按照图6-5所示的方法进行设置，然后单击 确定 按钮。

图6-4 设置嵌套表格

图6-5 设置第二个嵌套表格

使用HTML代码创建表格

在Dreamweaver中除了在可视界面中插入表格外，熟练代码的用户也可以使用HTML代码插入表格，只需切换到"代码"或"拆分"视图中，将插入点定位到需要插入表格的位置，直接输入<table></table>的代码，在其中通过<tr></tr>行和<td></td>列来控制单元格，也可快速插入不同行列的表格。

6.1.2 调整表格结构

调整表格结构主要是指表格内单元格的调整，如选择表格和单元格、插入与删除行和列等操作。

1. 选择表格和单元格

选择表格和单元格是调整表格结构的前提，Dreamweaver主要有以下几种选择表格和单元格的方法。

● **选择整个表格**：将鼠标光标移到表格边框线上，当表格边框的颜色变为红色且鼠标光标变为 形状时，单击鼠标可选择整个表格，如图6-6所示。

图6-6 选择整个表格

- **选择单个单元格**：将鼠标光标定位到要选择的单元格上方，单击鼠标即可选择该单元格，如图6-7所示。

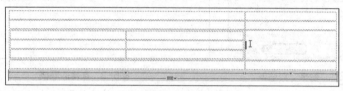

图6-7 选择单元格

- **选择多个单元格**：按住【Ctrl】键不放的同时，依次单击需要选择的单元格，可同时选择这些不连续的多个单元格，如图6-8所示。

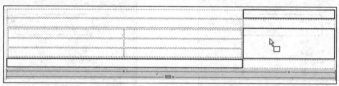

图6-8 选择多个单元格

- **选择整行**：将鼠标光标移到表格一行的左侧，当鼠标光标变为➡形状且该行边框的颜色变为红色时，单击鼠标即可选择该行，如图6-9所示。

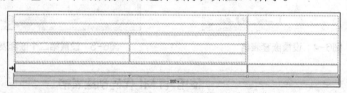

图6-9 选择整行

- **选择整列**：将鼠标光标移到表格某列的上方，当鼠标光标变为⬇形状且该列边框的颜色变为红色时，单击鼠标即可选择该列，如图6-10所示。

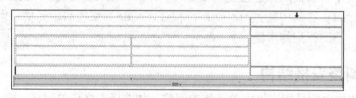

图6-10 选择整列

2. 插入与删除行或列

编辑表格的过程中，有可能出现表格行数或列数不足或过多的情况，此时可通过插入或删除行或列的方法，及时对表格结构进行调整。

- **插入行或列**：选择某个单元格，在其上单击鼠标右键，在弹出的快捷菜单中选择【表格】/【插入行或列】命令，打开"插入行或列"对话框，在"插入"栏中设置插入行或列，在下方的数值框中设置插入的数量，在"位置"栏中设置插入的位置，最后单击 确定 按钮即可，如图6-11所示。

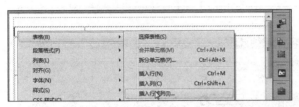
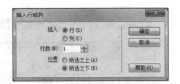

图6-11 利用快捷菜单插入行或列

● **删除行或列**：选择需删除的行或列，在其上单击鼠标右键，在弹出的快捷菜单中选择【表格】/【删除行】命令可删除行，在弹出的快捷菜单中选择【表格】/【删除列】命令则可删除列。

右键快捷菜单表格命令的作用

在单元格上单击鼠标右键，在弹出的快捷菜单中选择"表格"命令后，可在弹出的子菜单中对表格执行各种操作。另外，选择整个表格，然后按【Delete】键可删除整个表格。

6.1.3 设置表格和单元格

创建的表格还可对其进行相关设置，使其满足设计的需要，如调整行高列宽、设置单元格属性等，其具体操作如下。

（1）将插入点定位到表格第一行单元格中，在"属性"面板的"水平"下拉列表中选择"居中对齐"选项，在"垂直"下拉列表中选择"居中"选项，在"高"文本框中输入"70"，如图6-12所示。

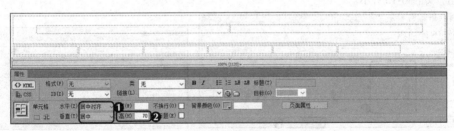

图6-12 调整表格

调整单元格行高和列宽

如果在表格中添加内容后，显示不完整，此时就需要调整单元格的大小显示完整的数据信息。调整方法是将鼠标移到需要调整的单元格边框线上，当鼠标变为 或 形状时，按住鼠标左键拖曳至合适的位置释放鼠标，也可以选择需要调整的单元格，然后在属性面板中的"高"和"宽"文本框中输入具体的大小值即可。

（2）将插入点定位到第二行单元格中，在"属性"面板的"水平"下拉列表中选择"居中对

齐"选项，在"垂直"下拉列表中选择"居中"选项，在"背景颜色"文本框中输入
"#0099FF"颜色，如图6-13所示。

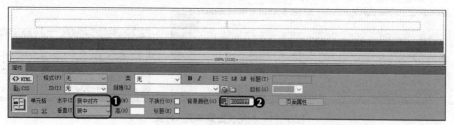

图6-13　设置单元格背景

合并单元格

　　选择要合并的单元格区域，选择【修改】/【表格】/【合并单元格】
菜单命令，或单击鼠标右键，在弹出的快捷菜单中选择【表格】/【合并
单元格】命令，也可以单击属性面板左下角"合并所选单元格，使用跨
度"按钮□即可合并单元格。

6.1.4　在表格中插入内容

　　完成表格插入与结构调整后，就可以在表格中添加需要的内容，
其具体操作如下。

微课视频

在表格中插入内容

（1）将插入点定位到嵌套表格第一个单元格中，选择【插入】/【图
　　像】菜单命令，打开"选择图像源文件"对话框，在其中选择
　　"bz.jpg"图片，单击 确定 按钮，如图6-14所示。
（2）打开"图像标签辅助功能属性"对话框，直接单击 确定 按
　　钮，如图6-15所示。

图6-14　选择图片　　　　　　　　　　　　图6-15　确认属性

（3）选择插入的图片，在"属性"面板的"宽"和"高"文本框中输入"100，61"，如图
　　6-16所示。

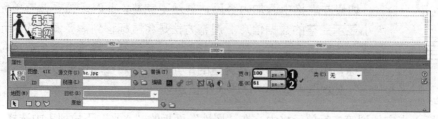

图6-16　调整图片大小

（4）将光标定位到第二个单元格中，在"属性"面板的"水平"下拉列表中选择"右对齐"，然后在表格中输入"客服中心 | 登录 | 注册"文本，并设置字体为"微软雅黑"，如图6-17所示。

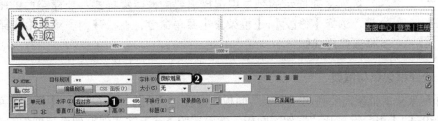

图6-17　添加并设置文本

（5）将光标定位到第二行的单元格中，在其中依次输入相关的文本，然后在"属性"面板设置字体为"黑体"，颜色为白色，拖曳鼠标调整单元格列宽，效果如图6-18所示，完成后按【Ctrl+S】组合键保存文档。

图6-18　添加并设置导航文本

6.1.5　创建框架和框架集

利用Dreamweaver提供的框架功能创建框架集与框架是非常方便的操作。下面介绍如何创建框架集与框架。

1. 创建框架集

利用Dreamweaver提供的"新建"功能可以很方便地创建框架集。下面创建一个"对齐上缘"的框架集，其具体操作如下。

（1）新建HTML空白网页，并将其保存为"index.html"，将插入点定位到空白位置，选择【插入】/【HTML】/【框架】/【对齐上缘】菜单命令。

（2）在打开的对话框中保持默认设置，单击 确定 按钮，完成框架的创建，如图6-19所示。

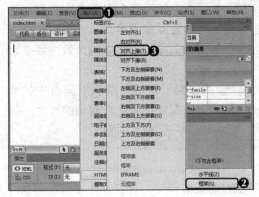
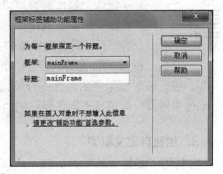

图6-19　创建框架

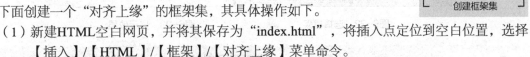

创建框架和框架集的其他方法

新建空白的HTML文档，在"插入"面板的"布局"栏中选择"框架"选项，在显示的列表中选择需要的框架集样式；新建空白的HTML文档，选择【修改】/【框架集】菜单命令，在打开的子菜单中选择相应的框架集样式即可。

2. 选择框架集与框架

选择框架集或框架需要利用"框架"面板来实现，首先选择【窗口】/【框架】菜单命令或按【Shift+F2】组合键打开"框架"面板，然后按照下述方法实现框架集与框架的选择。

● **选择框架集**：在"框架"面板中框架集的边框上单击即可选择整个框架集，如图6-20所示，当框架集被选择后，其边框将呈虚线显示，如图6-21所示。

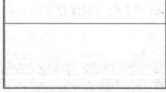

图6-20 选择框架集   图6-21 显示效果

● **选择框架**：在"框架"面板中的某个框架区域内单击鼠标即可选择该框架，被选择的框架在"框架"面板中以粗黑实线显示，如图6-22所示，在网页窗口中该框架的边框将呈虚线显示，如图6-23所示。

图6-22 选择框架   图6-23 显示效果

框架网页的优缺点

框架网页的优点在于可以在一个页面中显示多个网页内容，利用这一特点，制作时就可以在某些框架区域放置固定内容，从而实现让浏览者在一个主要的网页区域就可以很方便地浏览整个网站的大致内容的目的，且不需要切换窗口。

但是，框架网页也有自身的局限性，大多数的搜索引擎都无法识别网页中的框架，或无法对框架中的内容进行编辑或搜索，从而无法有效达到推广网站的目的。因此框架网页一般适用于制作网站的后台管理、公告和维护等辅助页面。

3. 创建自定义框架

当利用"新建文档"对话框无法创建出需要的框架格局时，可在某个框架的基础上创建自定义框架。下面以在前面创建的框架网页中创建自定义框架为例进行介绍，其具体操作如下。

（1）在"框架"面板中单击下方的框架区域，如图6-24所示。

（2）将鼠标指针移至网页中所选框架的左边框上，使其变为↔形状，如图6-25所示。

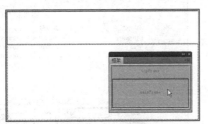
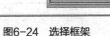

图6-24　选择框架

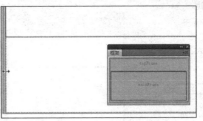

图6-25　定位鼠标指针

（3）按住鼠标左键不放并向右侧拖曳，如图6-26所示。

自定义框架名称

　　创建的自定义框架默认是没有名称的，若想为其设置名称，可在"框架"面板中将其选择，然后在"属性"面板的"框架名称"文本框中输入需要的名称即可。

（4）释放鼠标即可将下方的框架拆分为两个框架，同时"框架"面板中也将同步更新框架集的结构，效果如图6-27所示。

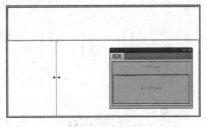

图6-26　拆分框架

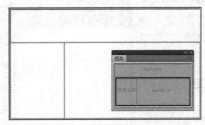

图6-27　完成自定义框架的创建

6.1.6　保存框架和框架集

　　创建好框架后还需要对其进行保存操作，Dreamweaver中保存框架包括保存框架集和保存单个框架文档。下面具体介绍如何保存框架集与框架。

1．保存框架集

　　保存框架集是指将框架网页中的所有框架内容以及框架集本身都进行保存。下面以保存前面所创建框架网页的框架集为例进行介绍，其具体操作如下。

（1）选择【文件】/【保存框架页】菜单命令，如图6-28所示。

（2）打开"另存为"对话框，在"保存在"下拉列表框中设置保存位置，在"文件名"下拉列表框中输入"index"，单击 保存(S) 按钮即可保存框架集，如图6-29所示。

为什么没有出现"保存框架页"选项

选择"文件"菜单后，如果未出现"保存框架页"菜单命令，有可能是没有选择整个框架集。只需在"框架"面板中重新选择整个框架集，再选择【文件】/【保存框架页】菜单命令即可。

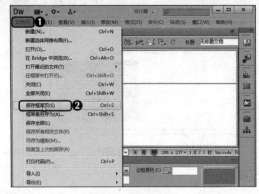

图6-28　保存框架页

图6-29　设置保存位置和名称

2. 保存单个框架文档

保存框架文档的方法与保存框架集有所不同，它是指对框架集中指定的单个框架网页进行保存。其方法为：在网页中需保存的框架区域单击鼠标定位插入点，选择【文件】/【保存框架】菜单命令，在打开的"另存为"对话框中设置框架的保存位置和名称后，单击 保存(S) 按钮即可，如图6-30所示。

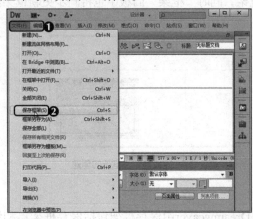

图6-30　保存单个框架文档

3. 保存所有框架文档

选择【文件】/【保存全部】菜单命令，可在打开的"另存为"对话框中完成框架集及所有框架网页文档的保存工作，如图6-31所示。在保存时，通常先保存框架集网页文档，再保存各个框架网页文档，被保存的当前文档所在的框架或框架集边框将以粗实线显示。

图6-31　保存所有框架文档

删除框架

删除框架与创建自定义框架的操作相反，只需将要删除的框架边框拖曳至页面外即可。

6.1.7　设置框架集与框架属性

选择框架集或框架后，可通过"属性"面板中的参数对框架集或框架的属性进行设置，如空白边距、滚动特性、大小特性和边框特性等。本小节将介绍这方面的相关知识。

1. 设置框架集属性

选择需设置属性的框架集后，"属性"面板中出现图6-32所示的参数。其中部分参数的作用介绍如下。

图6-32　框架集的属性设置面板

- **"边框"下拉列表**：设置在浏览器中查看网页时是否在框架周围显示边框效果，其中包括"是""否"和"默认"3种选项，其中"默认"表示根据浏览器自身设置来确定是否显示边框。
- **"边框颜色"色块**：设置边框的颜色。
- **"边框宽度"文本框**：设置框架集中所有边框的宽度。
- **"行列选定范围"栏**：图框中显示为深灰色部分表示当前选择的框架，浅灰色部分表示没有被选择的框架，若要调整框架的大小，可在该处选择需要调整的框架，然后在"值"文本框中输入数字。
- **"值"文本框**：指定选择框架的大小。
- **"单位"下拉列表**：设置框架尺寸的单位，可以是像素、百分百和相对。

2. 设置框架属性

设置框架属性时一定要先选择需设置属性的框架，然后利用图6-33所示的"属性"面板进行设置。其中部分参数的作用介绍如下。

图6-33　框架的属性设置面板

- **"源文件"文本框**：设置在当前框架中初始显示的网页文件名称和路径。
- **"边框"下拉列表**：设置是否显示框架的边框，需要注意的是，当该选项设置与框架集设置冲突时，此选项设置才会有作用。
- **"滚动"下拉列表**：设置框架显示滚动条的方式，包括"是""否""自动"和"默认"4个选项。其中"是"表示显示滚动条；"否"表示不显示滚动条；"自动"表示根据窗口大小显示滚动条；"默认"表示根据浏览器自身设置显示滚动条。
- **"不能调整大小"复选框**：单击选中该复选框将不能在浏览器中通过拖曳框架边框来改变框架大小。
- **"边框颜色"文本框**：设置框架边框颜色。
- **"边界宽度"文本框**：设置当前框架中的内容距左右边框的距离。
- **"边界高度"文本框**：设置当前框架中的内容距上下边框的距离。

6.1.8　在框架中添加网页

框架创建好后，就可以为框架集中的各个框架指定显示的网页文件，其具体操作如下。

在框架中添加网页

（1）在"框架"面板中选择上方的框架，然后单击"属性"面板中"源文件"文本框右侧的"浏览文件"按钮，如图6-34所示。
（2）打开"选择HTML文件"对话框，选择前面制作的"dh.html"网页文件，单击 确定 按钮，如图6-35所示。

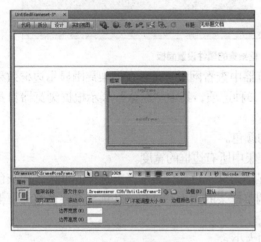

图6-34　选择框架

图6-35　指定网页文件

（3）打开"Dreamweaver"提示对话框，单击 确定 按钮，如图6-36所示。
（4）所选框架中便插入了指定的网页文件，将鼠标移动到框架边框上，当其变为双向箭头时向下拖曳鼠标调整上方框架大小，使网页完全显示，如图6-37所示。

网页设计与制作立体化教程（Photoshop+Dreamweaver+Flash CS6）（微课版）

图6-36 确认保存

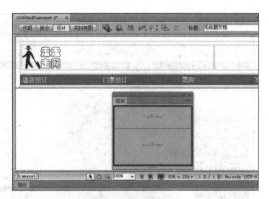

图6-37 调整框架大小

（5）使用相同的方法为其他框架页添加内容，完成后效果如图6-38所示。

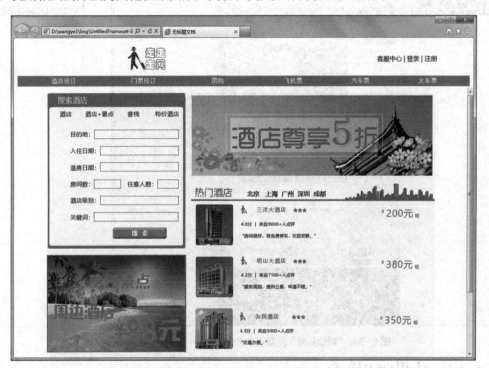

图6-38 为其他框架指定网页

6.2 课堂案例：布局"婚纱礼服"网首页

通过前面的学习，米拉对网页布局有了一定的认识，老洪说，要想提高网页布局设计水平，还需要学会CSS+DIV布局。老洪让米拉尝试使用CSS+DIV布局来设计一个婚纱礼服旗舰店首页，本例完成后的参考效果如图6-39所示，下面具体讲解其制作方法。

素材所在位置　素材文件\第6章\课堂案例2\婚纱店铺首页_01.gif……
效果所在位置　效果文件\第6章\课堂案例2\img\index.html

微课视频

婚纱礼服网高清彩图

图6-39 "婚纱礼服"网首页参考效果

6.2.1 认识CSS样式

CSS是"Cascading Style Sheet（层叠样式表）"的缩写，将多重样式定义可以层叠为一种。CSS是标准的布局语言，用于为HTML文档定义布局，如控制元素的尺寸、颜色、排版等，解决了内容与表现分离的问题。

1. CSS功能

CSS功能归纳起来主要有以下几点。

- 灵活控制页面文字的字体、字号、颜色、间距、风格、位置等。
- 随意设置一个文本块的行高和缩进，并能为其添加三维效果的边框。
- 方便定位网页中的任何元素，设置不同的背景颜色和背景图片。
- 精确控制网页中各种元素的位置。
- 可以为网页中的元素设置各种过滤器，从而产生诸如阴影、模糊、透明等效果。通常这些效果只能在图像处理软件中才能实现。
- 可以与脚本语言结合，使网页中的元素产生各种动态效果。

2. CSS特点

CSS的特点主要包括以下几点。

- **使用文件**：CSS提供了许多文字样式和滤镜特效等，不仅便于网页内容的修改，而且能提高下载速度。
- **集中管理样式信息**：将网页中要展现的内容与样式分离，并进行集中管理，便于在需要更改网页外观样式时，保持HTML文件本身内容不变。
- **将样式分类使用**：多个HTML文件可以同时使用一个CSS样式文件，一个HTML文件也可同时使用多个CSS样式文件。
- **共享样式设定**：将CSS样式保存为单独的文件，可以使多个网页同时使用，避免每个网页重复设置的麻烦。
- **冲突处理**：当文档中使用两种或两种以上样式时，会发生冲突，如果在同一文档中使用两种样式，浏览器将显示出两种样式中除了冲突外的所有属性；如果两种样式互相冲突，则浏览器会显示样式属性；如果存在直接冲突，那么自定义样式表的属性将覆盖HTML标记中的样式属性。

6.2.2　认识CSS+DIV布局模式

CSS+DIV布局模式是根据CSS规则中涉及的margin（边界）、border（边框）、padding（填充）、content（内容）来建立的一种网页布局方法，图6-40所示即为一个标准的CSS+DIV布局结构，左侧为代码，右侧为效果图。

```
<div class="div1">
<img src="file:///H|//tcpg1.png" alt="" width="285" height="261" />
</div>
```

```
.div1{
    height:266px;
    width:290px;
    margin-top:10px;
    margin-right:20px;
    margin-bottom:10px;
    margin-left:20px;
    padding-top:5px;
    padding-right:10px;
    padding-bottom:5px;
    border:10px solid #C00;
    background-color:#6CC;
}
```

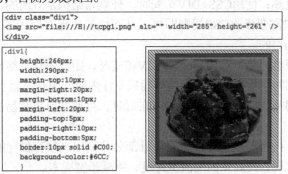

图6-40　CSS+DIV布局

代码中相关参数介绍如下。

- `margin`：margin区域主要控制盒子与其他盒子或对象的距离，图6-40中最外层的右斜线区域便是margin区域。
- `border`：border区域即盒子的边框，这个区域是可见的，因此可进行样式、粗细、颜色等属性设置，图6-40中的红色区域便是border区域。
- `padding`：padding区域主要控制内容与盒子边框之间的距离，图6-40中粉色区域内侧的左斜线区域便是padding区域。
- `content`：content区域即添加内容的区域，可添加的内容包括文本和图像及动画等。图6-40中内部的图片区域即content区域。
- `background-color`：表示设置背景颜色，图6-40中蓝色区域表示盒子的背景颜色。

盒子模型

　　盒子模型就是CSS+DIV布局的通俗说法，是将每个HTML元素当作一个可以装东西的盒子，盒子里面的内容到盒子的边框之间的距离为填充（padding），盒子本身有边框（border），而盒子边框外与其他盒子之间还有边界（margin）。每个边框或边距，又可分为上下左右四个属性值，如margin-bottom表示盒子的下边界属性，background-image表示背景图片属性。在设置DIV大小时需要注意，CSS中的宽和高指的是填充以内的内容范围，即一个DIV元素的实际宽度为左边界+左边框+左填充+内容宽度+右填充+右边框+右边界，实际高度为上边界+上边框+上填充+内容高度+下填充+下边框+下边界。盒子模型是CSS+DIV布局页面时非常重要的概念，只有掌握了盒子模型和其中每个元素的使用方法，才能正确布局网页中各个元素的位置。

6.2.3　CSS+DIV布局模式的优势

　　掌握使用CSS样式布局是实现Web标准的基础。在制作主页时采用CSS技术，可以有效地对页面布局、字体、颜色、背景、其他效果实现更加精确的控制。只要对相应的代码进行简单的修改，就可改变网页的外观和格式。采用CSS+DIV布局主要有以下优点。

- **页面加载更快**：CSS+DIV布局的网页因DIV是一个松散的盒子而使其可以一边加载一边显示出网页内容，而使用表格布局的网页必须将整个表格加载完成后才能显示出网页内容。
- **修改效率更高**：使用CSS+DIV布局时，外观与结构是分离的，当需要进行网页外观修改时，只需要修改CSS规则即可，从而快速实现对应用了该CSS规则的DIV进行统一修改的目的。
- **搜索引擎更容易检索**：使用CSS+DIV布局时，因其外观与结构是分离的，当搜索引擎进行检索时，可以不用考虑结构而只专注内容，因此更易于检索。
- **站点更容易被访问**：使用CSS+DIV布局时，可使站点更容易被各种浏览器和用户访问。
- **页面简洁**：内容与表现分离，将设计部分分离出来放在独立的样式文件中，大大缩减了页面代码，提高页面的浏览速度，缩减带宽成本。
- **提高设计者速度**：CSS具有强大的字体控制和排版能力，且CSS非常容易编写，可像HTML代码一样轻松编写。另外，以前一些必须通过图片转换实现的功能，现在可利用CSS样式轻松实现，并且能轻松控制页面的布局。

CSS+DIV布局模式的缺点

　　采用CSS+DIV布局需要注意浏览器的兼容问题。IE5.5以前版本中，盒子对象width为元素的内容、填充和边框三者之和，IE6之后的浏览器版本则按照上面讲解的width计算。这也是导致许多使用CSS+DIV布局的网站在浏览器中显示不同的原因。

> **行业提示**
>
> ### 网页布局中常用的模式
>
> 在专业的网页设计和制作领域中，大多数设计者都偏爱使用盒子模型来布局网页。一般来讲，专业的盒子模型有两种，分别是IE盒子模型和标准W3C盒子模型。其中标准W3C盒子模型的范围包括margin、border、padding、content，并且content部分不包含其他部分；而IE盒子模型的范围也包括margin、border、padding、content，但与标准W3C盒子模型不同的是，IE盒子模型的content部分包含了border和padding。

6.2.4 插入并编辑DIV

要使用CSS+DIV布局需要先在页面中插入DIV，然后通过编辑DIV标签的CSS属性来实现布局，其具体操作如下。

（1）新建一个空白文档，然后将其以"index.html"为名进行保存。

（2）选择【插入】/【布局对象】/【Div标签】菜单命令，如图6-41所示。

（3）打开"插入Div标签"对话框，在其中的"ID"下拉列表框中输入"all"文本，然后单击 新建 CSS 规则 按钮，如图6-42所示。

微课视频

插入并编辑 DIV

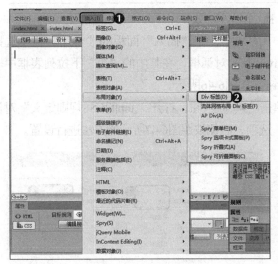

图6-41　选择菜单命令　　　　　　图6-42　设置DIV标签ID

（4）打开"新建CSS规则"对话框，这里保持默认设置，直接单击 确定 按钮，如图6-43所示。

（5）打开"#all的CSS规则定义"对话框，在左侧"分类"栏中单击"方框"选项，右侧按照如图6-44所示的方法进行设置。

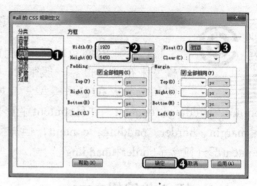

图6-43　"新建CSS规则"对话框　　　　图6-44　设置"方框"CSS属性

（6）单击 确定 按钮返回"插入Div标签"对话框，单击 确定 按钮，即可在网页中插入一个1920像素×5450像素的DIV标签，如图6-45所示。

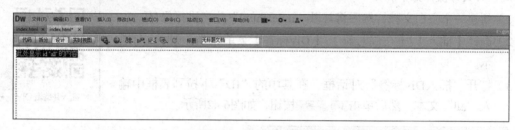

图6-45　插入的DIV标签效果

（7）将插入点定位到DIV标签中，删除其中的文字，在"插入"面板的"常用"栏中选择"插入Div标签"选项，打开"插入Div标签"对话框，在其中的"类"下拉列表框中输入"top"文本，然后单击 新建 CSS 规则 按钮，如图6-46所示。

（8）打开"新建CSS规则"对话框，直接单击 确定 按钮，打开".top的CSS规则定义"对话框，在左侧"分类"栏中单击"方框"选项，右侧按照图6-47所示的方法进行设置。

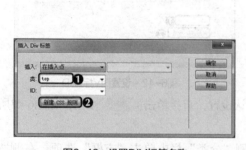

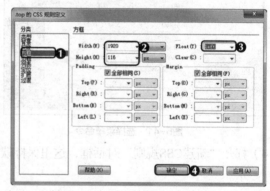

图6-46　设置DIV标签名称　　　　图6-47　设置"方框"CSS属性

（9）依次单击 确定 按钮确认设置，删除其中的文本，选择【插入】/【图像】菜单命令，打开"选择图像源文件"对话框，在其中选择"婚纱店铺首页-01.gif"图片，单击 确定 按钮，在打开的"图像标签辅助功能属性"对话框中单击 确定 按钮，如图6-48所示。

图6-48 设置图片标签辅助功能属性

（10）将插入点定位到top后面，按照步骤（7）的方式再插入一个名为"dh"的DIV标签，其CSS规则定义按照如图6-49所示的方法进行设置。

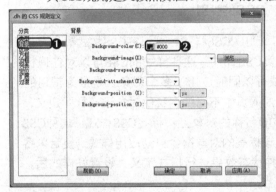
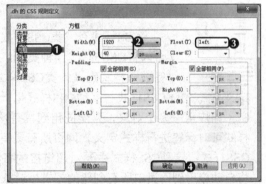

图6-49 设置CSS规则

（11）确认设置后效果如图6-50所示。

图6-50 导航背景效果

6.2.5 创建与编辑CSS样式

在Dreamweaver中创建CSS样式的方法有很多，常用的是通过CSS面板进行创建，其具体操作如下。

（1）将插入点定位到"dh"DIV标签中，在"属性"面板中单击
〈〉HTML 按钮，在右侧单击"项目列表"按钮 ，为文本添加项
目符号，然后在其中输入导航需要的文本，如图6-51所示。

（2）选择输入的文本，在"CSS样式"面板中单击"新建CSS规则"
按钮 ，打开"新建CSS规则"对话框，在其中的"选择器名
称"下拉文本框中输入".ul"文本，单击 确定 按钮确认设置，如图6-52所示。

微课视频

创建与编辑CSS
样式

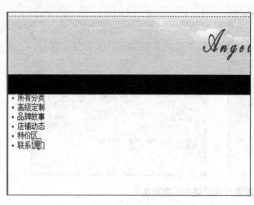

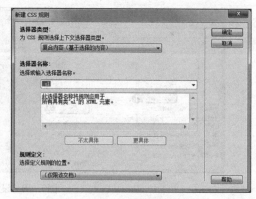

图6-51　输入文本　　　　　　　　　　　　　图6-52　设置选择器名称

CSS的类别

　　CSS样式有"类CSS样式""ID CSS样式""标签CSS样式"和"复合内容CSS样式"4种类别。类CSS样式：这种样式的CSS可以对任何标签进行样式定义，类CSS样式可以同时应用于多个对象，是最为常用的定义方式；ID CSS样式：这种CSS样式是针对网页中不同ID名称的对象进行样式定义，它不能应用于多个对象，只能应用到具有该ID名称的对象上；标签CSS样式：这种CSS样式可对标签进行样式定义，网页所有具有该标签的对象都会自动应用样式；复合内容CSS样式：这种CSS样式主要对超链接的各种状态效果进行样式定义，设置好样式后，将自动应用到网页中所有创建的超链接对象上。

（3）打开".ul的CSS规则定义"对话框，在其中设置字体为"微软雅黑"、字号为"16"号、行高为"40"，并将字体加粗，颜色设置为白色，如图6-53所示。

（4）在"分类"栏中选择"区块"选项，在右侧区域设置文本垂直对齐方式为上对齐，文本水平对齐方式为"居中对齐"，如图6-54所示。

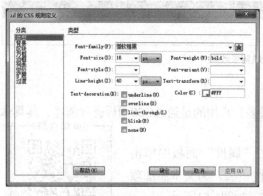

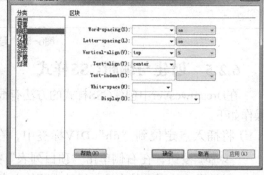

图6-53　设置类型　　　　　　　　　　　　　图6-54　设置区块

（5）在"分类"栏中选择"方框"选项，在右侧设置样式，设置宽为"952"，高为"40"，浮动方式为左浮动，并将方框的左边框间距设置为"483"，如图6-55所示。

（6）在"分类"栏中选择"列表"选项，在右侧区域设置项目符号和项目图片为不显示，如图6-56所示。

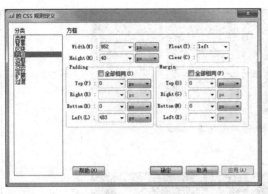

图 6-55 设置方框

图 6-56 设置列表

（7）单击 **确定** 按钮确认设置，将插入点定位到文本中，在"CSS样式"面板中单击"新建CSS规则"按钮 **新建 CSS 规则**，新建一个名为"#all .dh .ul li"的CSS样式，在其中按照如图6-57所示的方法设置宽度。

（8）拖曳鼠标选择"首页"文本，继续新建一个名为"#all .dh .ul 1"的样式，按照图6-58所示的方法进行设置。

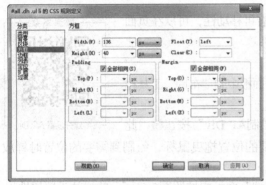

图 6-57 设置方框样式

图 6-58 设置背景

（9）单击 **确定** 按钮确认设置，完成后效果如图6-59所示。

图6-59 查看CSS效果

（10）将插入点定位到"all"DIV标签中，在其中使用前面介绍的方法继续添加DIV标签，并将提供的素材图片添加到其中，完成后效果如图6-60所示。

图6-60　添加其他DIV标签和内容

6.2.6　使用AP Div元素

AP Div是布局网页灵活性最大的元素，具有可移动性，可以在页面内任意创建和移动，是非常有用的网页布局工具。

1.　创建并设置AP Div

微课视频

创建并设置 AP Div

要想在网页中创建AP Div，可利用"插入"面板中的"布局"工具栏中的工具，其具体操作如下。

（1）在"插入"面板的"布局"栏中单击"绘制AP Div"按钮，此时鼠标指针变为十字形状，在页面中需要的位置拖曳鼠标，绘制到需要的位置时释放鼠标。

（2）在绘制的AP Div边框上单击选择，在"属性"面板中按照图6-61所示的方法设置属性。

图6-61　设置 AP Div属性

（3）将插入点定位到AP Div中，在其中输入需要的文本，然后通过"CSS样式"面板新建一个CSS样式，并按照图6-62所示的方法进行设置。

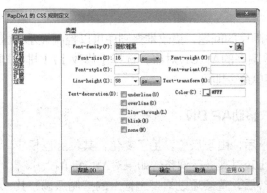
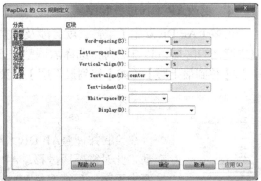

图6-62 设置CSS样式

（4）设置完成后按【Ctrl+S】组合键保存文件，完成本例制作效果如图6-63所示。

图6-63 查看效果

2. 选择AP Div

使用AP Div布局网页时，需要对其进行一系列设置，但在这之前应该掌握如何选择AP Div。在Dreamweaver中选择单个AP Div和多个AP Div的方法分别如下。

● **选择单个AP Div**：单击AP Div的边框即可选择该AP Div，如图6-64所示。
● **选择多个AP Div**：按住【Shift】键的同时依次选择需要的AP Div或单击AP Div的边框即可同时选择多个AP Div，如图6-65所示。

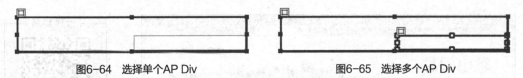

图6-64 选择单个AP Div   图6-65 选择多个AP Div

3. 对齐AP Div

移动AP Div的操作虽然直观、方便，但却无法保证能将AP Div排列整齐。在Dreamweaver CS6中，可通过对齐功能将若干AP Div按指定边缘进行对齐。利用【Shift】键同时选择需要进行对齐的AP Div对象，选择【修改】/【排列顺序】菜单命令，在弹出的子菜单中选择需要的对齐方式即可。

知识提示

对齐AP Div的注意事项

在对齐AP Div时，一定要注意选择AP Div的先后属性，假设有甲、乙两个AP Div，如果需要让甲AP Div对齐到乙AP Div的右边缘，则应先选择甲AP Div，再选择乙AP Div，然后选择【修改】/【排列顺序】/【右对齐】菜单命令。换句话说，后选择的AP Div是对齐时的参考对象。

4. 更改AP Div堆叠顺序

当多个AP Div发生了重叠，就会涉及堆叠顺序的问题，更改堆叠顺序可以控制显示的区域或遮挡的区域，其方法为：选择需调整堆叠顺序的AP Div对象，选择【修改】/【排列顺序】/【移到最上层】（或【移到最下层】）菜单命令即可。

移动AP Div

在绘制并调整AP Div大小后，由于尺寸发生了变化，其位置也相应变动，此时需要通过移动AP Div对其进行调整。如果对AP Div的大小精度要求不高，可在选择AP Div后，直接通过拖曳边框上的控制点调整其尺寸。另外，选择单个或多个AP Div对象后，直接按键盘上的【↑】、【↓】、【←】或【→】键，可将所选AP Div向键位对应的方向进行微移。

6.3 项目实训

6.3.1 制作"歇山园林"网页

1. 实训目标

本实训目标为制作"歇山园林"网页，该网页为企业网站网页，可通过框架的各种操作来完成网站的布局，然后向框架中添加内容即可。本实训完成后的参考效果如图6-66所示。

素材所在位置 素材文件\第6章\项目实训\index\
效果所在位置 效果文件\第6章\项目实训\index\

图6-66 "歇山园林"网页效果

2. 专业背景

合理的版面设计可以使网页效果更加漂亮，目前常见的网页版式设计类型主要有骨骼型、满版型、分割型、中轴型、曲线型、倾斜型、对称型、焦点型、三角型和自由型10种，下面分别简单介绍。

- **骨骼型**：骨骼型是一种规范、合理的分割版式的设计方法，通常将网页主要布局设计为3行2列、3行3列或3行4列，如"果蔬网"就是采用该方式进行版式设计的。
- **满版型**：满版型是指页面以图像充满整个版面，并配上部分文字。优点是视觉效果直观，给人一种高端大气的感觉，且随着网络宽带的普及，该设计方式在网页中的运用越来越多。
- **分割型**：分割型是指将整个页面分割为上下或左右两部分排列样式，分别安排图像和文字，这样图文结合的网页给人一种协调对比美，并且可以根据需要调整图像和文字的比例。
- **中轴型**：中轴型是指沿着浏览器窗口的中线将图像或文字进行水平或垂直方向的排列，优点是水平排列给人平静、含蓄的感觉，垂直排列给人有序、舒适的感觉。
- **曲线型**：曲线型指图像和文字在页面上进行曲线分割或编排，从而产生节奏感。通常适合性质比较活泼的网页使用。
- **倾斜型**：倾斜型是指将页面主题形象或重要信息倾斜排版，以吸引注意力，通常适合一些网页中活动页面的版式设计。
- **对称型**：对称分为绝对对称和相对对称，通常采用相对对称的方法来设计网页版式，可避免页面过于呆板。
- **焦点型**：焦点型版式设计是将对比强烈的图片或文字放在页面中心，使页面具有强烈的视觉效果，通常用于一些房地产类网站的设计。
- **三角型**：将网页中各种视觉元素呈三角形排列，可以是正三角，也可以是倒三角，突出网页主题。
- **自由型**：自由型的版式设计页面较为活泼，没有固定的格式，总体给人以轻快、随意、不拘于传统布局方式的感觉。

3．操作思路

完成本实训需要先创建框架，然后将框架保存，最后向框架中添加相关的内容并调整框架大小等，其操作思路如图6-67所示。

① 创建框架　　　　② 添加内容

③ 调整框架大小

图6-67　"歇山园林"网页的操作思路

【步骤提示】

（1）新建一个上方固定的框架网页文档，将框架集保存为"index.html"。

（2）在上方的框架中通过链接网页的方法添加内容为"top.html"页面，下方框架链接"hhtj.html"页面。

（3）完成后调整上方框架大小到合适位置，然后保存即可。

6.3.2 制作"花店"网页

1. 实训目标

本实训的目标是制作"flowers.html"网页，该网页是一个卖鲜花的网页，主要用于展现店铺展卖的鲜花。本实训完成后的参考效果如图6-68所示。

制作"花店"网页

素材所在位置　素材文件\第6章\项目实训\flower\flowers_style.css、images\
效果所在位置　效果文件\第6章\项目实训\flowers.html

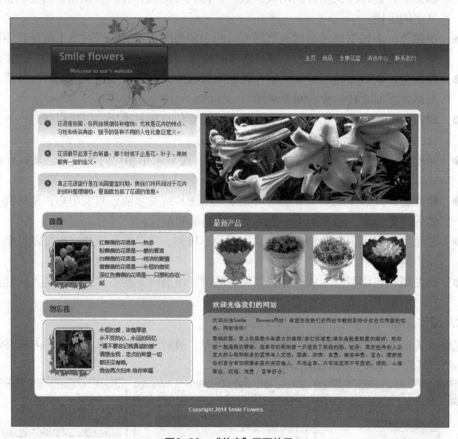

图6-68　"花店"网页效果

2. 专业背景

进行版式设计时，需要注意版式设计的基本准则，下面总结了一些基本的建议，希望对读者有所帮助。

● **网页版式**：保持文件最小体积，以便快速下载；将重要信息放在第1个满屏区域；页面长度不要超过3个满屏；设计时应用多个浏览器测试效果；尽量少使用动画效果。

● **文本**：对同类型的文本使用相同的设计，重要的元素在视觉上要更加突出；对网页中的文本格式进行设置时不要将所有文字设置为大写；不要大量使用斜体设置；不要将文字格式同时设置为大写、倾斜、加粗；不要随意插入换行符；尽量少使用

<H5>、<H6>标签，不要设置标题格式为五级或六级。

● **图像**：对图像中的文字进行平滑处理；尽量将图像文件大小控制在30KB以下；消除透明图像周围的杂色；不要显示链接图像的蓝色边框线；插入图像时对每个图像都设置替代文本，以便于图像无效时显示替代文本。

● **美观性**：避免网页中的所有内容都居中对齐；不要使用太多颜色，选择一两种主色调和一种强调色即可；不要使用复杂的图案平铺背景，复杂的图案平铺背景容易给人凌乱的感觉；设置有底纹的文字颜色时最好不要设置为黑底白字，尤其是对网页中大量的小文字进行设计时，可以选择一种柔和的颜色来反衬，也可使用底纹色的反色。

● **主页设计**：网站的主页要体现站点的标志和主要功能；对导航功能进行层次设计，并提供搜索功能；主页中的文字要精炼或使用一些暗示浏览者浏览其他页面内容的导读；主页中放置的内容应该是网站比较具有特色的功能板块，以吸引浏览者点击，提高浏览率。

3. 操作思路

完成本实训首先在新建的空白区域插入DIV标签进行布局，再使用CSS+DIV对插入的标签进行布局，最后对DIV标签添加CSS样式，让添加的标签进行定位并设置相应的属性，其操作思路如图6-69所示。

① 插入DIV标签　　　　　② 添加CSS样式

图6-69　"花店"网页的操作思路

【步骤提示】

（1）新建一空白HTML网页文档，将其保存为"flowers.html"。

（2）将插入点定位到网页的空白区域中，选择【插入】/【布局对象】/【Div标签】菜单命令，打开"插入Div标签"对话框。

（3）在打开对话框的"类"下拉列表框中输入"main"，单击 新建 CSS 规则 按钮，打开"新建CSS规则"对话框，保持默认设置，依次单击 确定 按钮，返回到网页编辑区。

（4）在网页编辑区中，将第一个DIV标签中的内容删除，将插入点定位到DIV标签中，使用相同方法依次插入4个DIV标签，并分别命名为"main_head""main_banner""main_center"和"main_bottom"。

（5）按【Shift+F11】组合键，打开"CSS样式"面板，单击 全部 按钮，在打开的下拉列表框中选择"main"样式，在"CSS样式"的".main"属性"选项卡下单击 ➕ 按钮，展开"方框"选项，分别将"width"和"margin"的属性设置为"887"和"auto"。

（6）使用相同的方法为其他CSS样式进行编辑，在"main_head"DIV标签中插入三个DIV标签，分别命名为"main_head_logo""main_head_menu"和"cleaner"，在不同的DIV标签中嵌套其他标签以及输入内容。

（7）在main_banner中分别添加DIV标签，将其嵌套在main_banner标签中，将插入点定位到"main_banner_right"中，输入<img src="images/bh.jpg" alt="flower" />插入图片。

（8）将插入点定位到"main_banner_left_news"DIV标签中。输入分段标签<p></p>，并在该标签中输入文本。

（9）使用相同的方法为其他标签添加内容，完成设置并查看效果。

6.4 课后练习

本章主要介绍了使用Dreamweaver创建和设置框架、框架集和表格等，以及使用CSS+DIV布局网页的方法。本章内容是网页制作的关键基础，网页布局是否美观，是能否吸引流量的关键。

练习1：制作"花卉推荐"网页

本练习要求使用表格来制作"花卉推荐"页面，在制作时先在空白网页中插入表格，并根据需求在表格中添加相关内容，再对添加内容的表格进行编辑，最后设置表格的属性，参考效果如图6-70所示。

素材所在位置	素材文件\第6章\课后练习\练习1\bah.jpg
效果所在位置	效果文件\第6章\课后练习\练习1\hhtj.html、img\

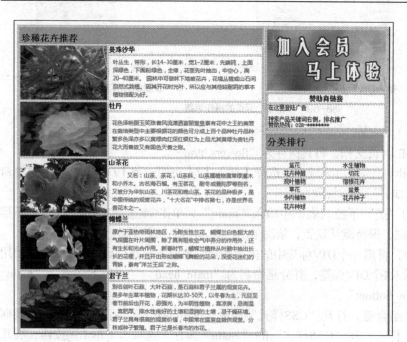

图6-70 "花卉推荐"网页效果

要求操作如下。

● 新建一个空白网页文件，并将其保存，然后在其中插入表格，并根据需要在表格中嵌套相关的表格。

● 通过设置单元格属性调整表格，使其满足网页设计的需要。

● 完成表格插入与结构调整后，便可在表格的各个单元格中插入或输入需要的内容。

练习2：制作"摄影网"网页

本练习要求根据提供的图片素材，利用框架和DIV进行布局设计，并通过CSS控制样式来制作网页"photography.html"，参考效果如图6-71所示。

素材所在位置	素材文件\第6章\课后练习\photography\images\
效果所在位置	效果文件\第6章\课后练习\photography\photography.html

图6-71 摄影首页效果

要求操作如下。

● 在新建的HTML网页中插入"上方及下方"的框架，分别将插入点定位到各框架中进行保存，并使用"全部保存"命令将其保存为"photography.html"。

● 分别对各框架进行制作，其中制作上方的框架时使用CSS+DIV进行布局，制作中间部分可以使用CSS+DIV和表格进行布局，在表格中插入各种图片。

6.5 技巧提升

1．CSS样式链接

在Dreamweaver中创建CSS样式需要注意一个问题，即所创建的CSS样式存放的位置。CSS样式可以放置在当前网页中，也可以作为单独的文件保存在网页外部。保存在当前网页中的CSS样式只能应用在当前网页的元素上；作为独立的样式表保存的CSS样式则可通过链接的方式应用到多个网页中，方法有如下几种。

- **外部链接**：这种方式是目前网页设计行业中最常用的CSS样式链接方式，即将CSS保存为文件，与HTML文件相分离，减小HTML文件大小，加快页面加载速度。其链接方法是将页面切换到"代码"视图，在HTML头部的"<title></title>"标签下方输入代码"<link href="(CSS样式文件路径)"type="text/css"rel="stylesheet">"。
- **行内嵌入**：该链接方式是将CSS样式代码直接嵌入到HTML中，这种方法不利于网页的加载，且会增大文件。
- **内部链接**：这种方式是将CSS样式从HTML代码行中分离出来，直接放在HTML头部的"<title></title>"标签下方，并以<style type="text/css"></style>形式体现，本书中的CSS样式均采用该链接方式。

2．批量设置AP Div

利用【Ctrl】键同时选择这些AP Div对象，然后在"属性"面板中进行设置，此后所选的所有AP Div都将应用修改。还有一种巧妙的方法，就是将AP Div转换成表格，这样就可以通过设置表格的属性轻松调整外观等参数。将AP Div转换成表格的方法为：选择【修改】/【转换】/【将AP Div转换为表格】菜单命令，在打开的对话框中单击选中相应的转换方式单选项，并进行适当设置即可。

3．导入表格数据

表格不仅仅只限于在网页文件中的布局制作，还可以用于整理资料。Dreamweaver提供了表格导入功能，可以直接导入其他程序的数据来创建表格文件。如Excel表格文件，除了能导入数据，还能导出HTML文档中的表格供其他程序使用。

在Dreamweaver CS6中导入数据的方法很简单，只需选择【文件】/【导入】/【表格式数据】菜单命令，打开"导入表格式数据"对话框，如图6-72所示，在该表格中设置数据文件、表格的宽度等，单击 确定 按钮即可。

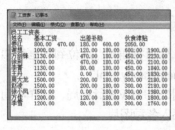 

图6-72 导入数据

"导入表格式数据"对话框中的"数据文件"不能是Excel或其他表格程序中的数据，如果要导入如Excel程序中的表格数据，则需选择【文件】/【导入】/【Excel文档】菜单命令。

CHAPTER 7

第7章
使用表单和行为

情景导入

　　米拉发现，网站都有自己的用户页面，需要用户注册、登录等，还有一些动态效果，于是问老洪如何制作动态网页。老洪说，通过Dreamweaver CS6的表单和行为就可以实现。

学习目标

● 掌握制作"学员注册"网页的方法。

　　如认识表单、创建表单和插入表单元素等。

● 掌握完善网页行为效果的方法。

　　如添加弹出窗口、打开浏览器窗口、检查表单、添加效果、交换图像等行为。

案例展示

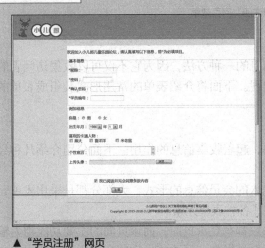

▲ "学员注册"网页

▲ 完善网页行为效果

7.1 课堂案例：制作"学员注册"网页

老洪告诉米拉，在网页中，表单是一个常用的元素，它以各种各样的形式存在于各种网页中，如登记注册邮件、填写资料或收集用户的资料等，因此需要掌握表单的相关操作。本例将为小儿郎网页制作学员注册页面，完成后的参考效果如图7-1所示，下面具体讲解其制作方法。

素材所在位置 素材文件\第7章\课堂案例\xelzc.html、bz_02.png
效果所在位置 效果文件\第7章\课堂案例\xelzc.html

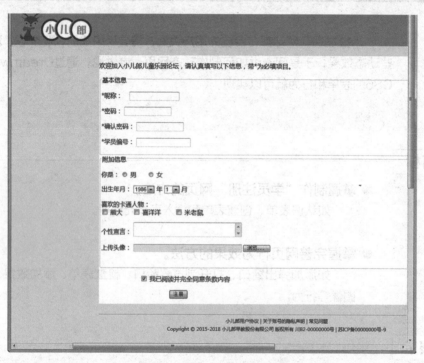

图7-1 "学员注册"网页效果

7.1.1 认识表单

表单可以认为是从Web访问者那里收集信息的一种方法，因为它不仅可以收集访问者的浏览情况，还可以做更多的事，以更多形式出现。下面将介绍表单的常用形式及组成表单的各种元素。

1. 表单的形式

在各种类型的网站中，都会有不同的表单，起着收集信息的作用。下面分别介绍几种经常出现在各类型网站中的表单形式。

● **注册网页**：在会员制网页中，要求输入的会员信息的形式，大部分都是采用表单元素进行制作的，当然在表单中也包括了各种表单元素。

● **登录网页**：在进行注册后的网页，一般都有登录页面，而该页面的主要功能则为输入用户名和密码，在单击按钮后进行登录操作，而这些操作都会使用到表单中的文本、密码及按钮元素。

- **留言板或电子邮件网页**：在网页的公告栏或留言板上发表文章或建议时，输入用户名和密码，并填写实际内容的部分，全都是表单要素。另外，网页访问者输入标题和内容后，可以直接给网页管理者发送电子邮件，而发送电子邮件的样式大部分也是表单所制作的。

2. 表单的组成元素

制作表单页面之前首先要创建表单，然后才能在表单区域内添加表单对象。在Dreamweaver中组成表单的元素有很多，如文本字段、复选框、单选项、按钮、选择等。

3. HTML中的表单

在HTML中，表单是使用<form></form>标记表示，并且表单中的各种元素都必须存在于该标记之间。

7.1.2 创建表单

表单是表单对象的容器，任何表单对象都必须在表单中才能生效，如果用户在添加表单对象时并未创建表单，这时系统将自动在文档中添加表单。表单的创建比较简单，但创建后的表单在默认情况下是以"100%"宽度显示，所以在创建表单前可根据实际需要创建一个容器，然后再进行表单的插入。下面在"xelzc.html"网页中创建一个表单，并设置相关的属性。

微课视频

创建表单

（1）启动Dreamweaver CS6，打开素材网页"xelzc.html"，在网页中间名为"mys"的DIV标签中输入文本。

（2）按【Enter】键换行，选择【插入】/【表单】/【表单】菜单命令，或打开"插入"面板，切换到"表单"插入栏，选择下方的"表单"选项，如图7-2所示。

（3）此时插入点处将显示边框为红色虚线的表单区域，如图7-3所示。

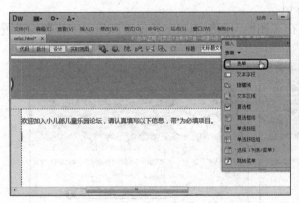

图7-2 插入表单

图7-3 插入的表单区域

7.1.3 插入表单对象

表单元素是实现表单具体功能的基本工具，只有在表单中添加不同的表单元素，用户才能进行输入和选择等操作，然后才能通过按钮将这些信息提交到服务器中。下面将介绍如何在表单中添加各种表单元素。

1. 插入单行文本字段

单行文本字段适合少量文本的输入，如输入账户名称、邮箱地址和文章标题等。其具体操作如下。

（1）将插入点定位到表单区域，在"插入"面板的"表单"栏中选择"文本字段"选项，如图7-4所示。

（2）打开"输入标签辅助功能属性"对话框，分别在"ID"文本框和"标签"文本框中输入"user"和"*昵称："，单击 确定 按钮，如图7-5所示。

图7-4 插入文本字段 　　　　　　　　图7-5 设置ID和标签

（3）在插入的文本字段的"*昵称："文本右侧按【Ctrl+Shift+Space】组合键插入若干空格，选择文本字段表单元素，在"属性"面板中将字符宽度和最多字符数均设置为"16"，如图7-6所示。

（4）将插入点定位到文本字段表单元素右侧，按【Enter】键分段，再次选择"插入"面板中的"文本字段"选项，在打开的对话框中将ID和标签名称分别设置为"number"和"*学员编号："，单击 确定 按钮。

（5）选择添加的文本字段表单元素，在"属性"面板中将字符宽度和最多字符数均设置为"18"，如图7-7所示。

图7-6 设置昵称文本字段 　　　　　　　图7-7 设置编号文本字段

2. 插入密码字段

密码字段用于输入具有保密性质的内容，当用户在输入密码时，网页中将以"●"符号代替，使内容不可见，以保证数据内容的隐私。其具体操作如下。

微课视频

插入密码字段

（1）将插入点定位到"昵称"文本字段表单元素右侧，按【Enter】键分段，在"插入"面板中选择"文本字段"选项，如图7-8所示。

（2）打开"输入标签辅助功能属性"对话框，分别在"ID"文本框和"标签"文本框中输入"password"和"*密码："，单击 确定 按钮，如图7-9所示。

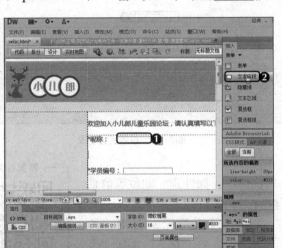

图7-8 插入文本字段

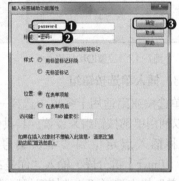

图7-9 设置ID和标签

（3）选择插入的文本对象，在"属性"面板中将字符宽度和最多字符数均设置为"16"，单击选中"类型"中的"密码"单选项，如图7-10所示。

（4）将插入点定位到"密码"文本字段表单元素右侧，按【Enter】键分段，在"插入"面板中选择"文本字段"选项，如图7-11所示。

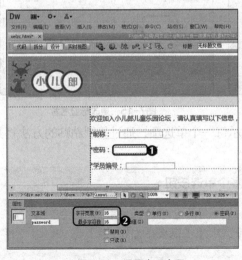

图7-10 设置密码字段

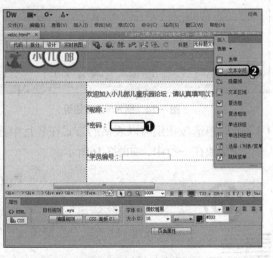

图7-11 插入文本字段

（5）在打开的对话框中将ID和标签名称分别设置为"confirm"和"*确认密码："，单击

确定 按钮，如图7-12所示。

（6）选择插入的文本对象，在"属性"面板中将字符宽度和最多字符数均设置为"16"，单击选中"类型"栏中的"密码"单选项，如图7-13所示。

图7-12　设置ID和标签

图7-13　设置密码字段

3. 插入单选按钮组

单选按钮组适用于多项中选择一项的情况，如性别、职位等信息就可以利用单选按钮组来设置。其具体操作如下。

（1）将插入点定位到"学员编号"文本字段表单元素右侧，按【Enter】键分段，输入"你是："文本后，在"插入"面板"表单"栏中选择"单选按钮组"选项，如图7-14所示。

（2）打开"单选按钮组"对话框，将列表框中"标签"栏下方的选项名称分别更改为"男"和"女"，单击 确定 按钮，如图7-15所示。

图7-14　插入单选按钮组

图7-15　更改标签名称

（3）此时单选按钮组将以表格的方式在各行中显示每一个单选项，通过复制粘贴的方法将其全部放在一行中，如图7-16所示。

知识提示

添加多个单选按钮

　　"单选按钮组"对话框中默认只有两个单选按钮，可通过单击"添加"按钮➕的方式在当前单选按钮组中添加需要的单选按钮。

图7-16 调整单选按钮组

4. 插入列表或菜单

列表和菜单可为浏览者提供预定选项，方便用户进行选择。其具体操作如下。

微课视频

插入列表或菜单

（1）将插入点定位到"女"文本后，按【Enter】键分段，输入"出生年月："文本，在"插入"面板的"表单"栏中选择"选择（列表/菜单）"选项，如图7-17所示。

（2）打开"输入标签辅助功能属性"对话框，设置ID为"year"，标签为"年"，位置为"在表单项后"，单击 确定 按钮，如图7-18所示。

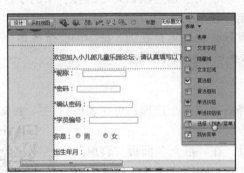

图7-17 插入列表

图7-18 设置标签属性

（3）返回网页中即可看到添加的选择（列表/菜单）。选择该选择（列表/菜单），在"属性"面板的"类型"栏中单击选中"列表"单选项，单击 列表值 按钮，如图7-19所示。

（4）打开"列表值"对话框，在"项目标签"栏中输入项目名称，在"值"栏中输入对应的值。单击 按钮添加下一条项目并输入"项目标签"名称，在"值"栏中输入各项对应的值。重复操作直至完成项目标签设置，如图7-20所示。

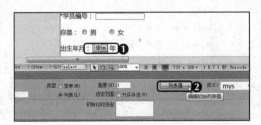

图7-19 设置列表属性

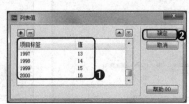

图7-20 设置列表值

（5）单击 ▢确定 按钮关闭对话框。在"属性"面板的"初始化选定"列表框中选择一个初始化值。使用相同的方法创建一个月份列表，如图7-21所示。

（6）按【F12】键在浏览器中进行预览，可在其中进行选择，如图7-22所示。

图7-21　查看效果

图7-22　预览效果

"属性"面板

　　"属性"面板中的"类型"单选项组用于指定当前对象为菜单还是列表。"初始化时选定"列表框用于指定默认处于选择状态的项目。"高度"文本框（仅列表）用于设置列表中同时显示的列表项目数目。"选定范围"复选框用于设置是否允许用户在列表框中同时选择多个项目。 ▢列表值... 按钮用于编辑菜单项目标签和值。

5. 插入复选框

如果想让浏览者在给定的选项中选择一个或多个选项，可在表单中添加复选框。其具体操作如下。

（1）在文本"月"后按【Enter】键分段，在"插入"面板"表单"栏中选择"复选框"选项，打开"输入标签辅助功能属性"对话框，设置ID为"read"，标签为"我已阅读并完全同意条款内容"，位置为"在表单项后"，单击 ▢确定 按钮后，如图7-23所示。

微课视频

插入复选框

（2）单击 ▢确定 按钮后，返回网页中，利用添加空格的方式将其移动到合适位置，选中复选框，在其"属性"面板中单击选中"已勾选"单选项，如图7-24所示。

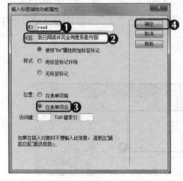

图7-23　插入复选框

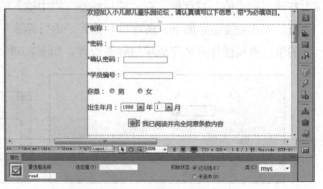

图7-24　设置复选框属性

6. 插入复选框组

复选框组的效果与添加多个复选框的效果相同，但其操作比重复添加复选框更加便捷。其具体操作如下。

（1）将插入点定位到"月"文本后，按【Enter】键换行，输入文本"喜欢的卡通人物："，在"插入"面板"表单"栏中选择"复选框组"选项，打开"复选框组"对话框。

（2）选择"复选框"列表框中"标签"列中的第一个选项，修改其名称为相应的标签文字，使用前面介绍的方法添加并修改其他选项，如图7-25所示。

（3）单击 确定 按钮返回网页中即可查看添加的复选框组，通过复制粘贴的方法在一行显示，效果如图7-26所示。

图7-25 设置复选框组

图7-26 查看效果

7. 插入多行文本字段

多行文本字段常用于浏览者留言和个人介绍等需输入较多内容的情况。其具体操作如下。

（1）将插入点定位到"米老鼠"复选框表单元素右侧，按【Enter】键分段，在"插入"面板"表单"栏中选择"文本字段"选项。

（2）打开"输入标签辅助功能属性"对话框，分别在"ID"文本框和"标签"文本框中输入"gexingxy"和"个性宣言："，单击 确定 按钮，如图7-27所示。

（3）选择插入的文本对象，在"属性"面板中将字符宽度和行数分别设置为"32"和"2"，单击选中"类型"栏中的"多行"单选项，如图7-28所示。

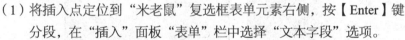

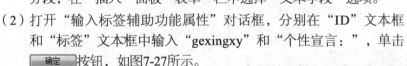

图7-27 设置ID和标签

图7-28 设置多行文本字段属性

插入隐藏域

　　隐藏域不会显示在预览的网页中，它对用户来说不可见，但却具有相当重要的作用。它可以在网页之间传递一些隐秘的信息，方便对网页数据进行处理。比如在一个关于登录的表单网页中添加一个隐藏域，并为其赋一个值，当表单提交后，首先就会查找是否有这个隐藏域字段，且审核该值是否是设置的值，如果是，则继续对表单中的其他信息进行处理，否则可以要求用户重新登录。在表单中添加隐藏域的方法为：将插入点定位到需插入隐藏域的位置，在"插入"面板"表单"栏中选择"隐藏域"选项，此时将直接在网页表单区域插入一个隐藏域，选择该对象后，在"属性"面板中设置其ID名称并赋予相应的值即可。

8. 插入文件域

　　文件域表单元素可实现文件上传的功能，如上传用户头像。其具体操作如下。

微课视频
插入文件域

（1）将插入点定位到"个性宣言"文本字段表单元素右侧，按【Enter】键分段，在"插入"面板"表单"栏中选择"文件域"选项，如图7-29所示。

（2）打开"输入标签辅助功能属性"对话框，分别在"ID"文本框和"标签"文本框中输入"head"和"上传头像："，单击 确定 按钮，如图7-30所示。

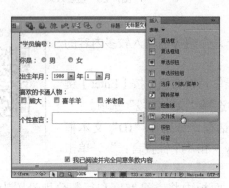

图7-29　插入文件域

图7-30　设置ID和标签

（3）插入文件域，该对象由标签、文本框和按钮组成，如图7-31所示。

（4）选择文件域，利用"属性"模板设置字符宽度和最多字符数分别为"42"和"40"，如图7-32所示。

图7-31　插入的文件域

图7-32　设置字符宽度和数量

152

9. 插入按钮

按钮可用于提交表单或重置操作，它只有在被单击时才能执行，对于表单网页而言，按钮元素必不可少。其具体操作如下。

（1）将插入点定位到"我已阅读并完全同意条款内容"复选框表单元素右侧，按【Enter】键分段，在"插入"面板"表单"栏中选择"按钮"选项。

微课视频

插入按钮

（2）打开"输入标签辅助功能属性"对话框，在"ID"文本框中输入"submit"，单击 确定 按钮，如图7-33所示。

（3）在其"属性"面板的"值"文本框中输入"注册"文本，在"动作"栏中单击选中"提交表单"单选项，完成"注册"按钮的创建，如图7-34所示。

图7-33 设置ID名称

图7-34 设置插入的按钮属性

10. 插入字段集

字段集可将多个表单元素整合到一起，使页面看上去更加整齐。其具体操作如下。

（1）选择网页最上方的带*的表单对象，在"插入"面板"表单"栏中选择"字段集"选项，如图7-35所示。

微课视频

插入字段集

（2）打开"字段集"对话框，在"标签"文本框中输入"基本信息"，单击 确定 按钮，如图7-36所示。

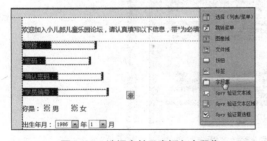

图7-35 选择表单元素插入字段集

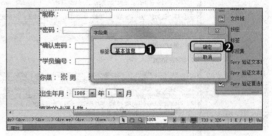

图7-36 设置字段集标签名称

（3）继续选择"你是"单选按钮组到"上传头像"文件域之间的所有表单元素，在"插入"面板中选择"字段集"选项。

（4）打开"字段集"对话框，在"标签"文本框中输入"附加信息"，单击 确定 按钮。

（5）完成字段集的添加，将鼠标定位到"注册"按钮前方，通过空格键调整按钮位置，完成后按【Ctrl+S】组合键保存网页，如图7-37所示。

（6）按【F12】键预览网页，如图7-38所示。

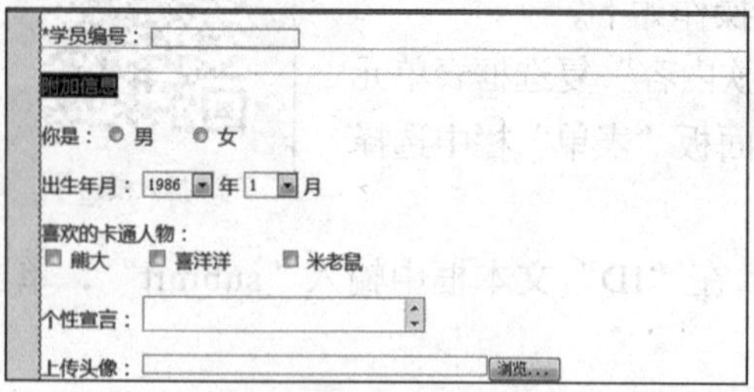

图7-37 插入的字段集

图7-38 预览网页效果

7.2 课堂案例：完善网页行为效果

通过观察，米拉发现许多网页会在打开时弹出欢迎提示框，这极大地提高网页与用户之间的交互性，老洪告诉米拉，这是因为在网页中添加了行为。因此，米拉决定为制作的"学员注册"网页和"详情网"网页添加相关的行为。本例的参考效果如图7-39所示。

素材所在位置 素材文件\第7章\课堂案例\img\fwtk.html、xqy.html……
效果所在位置 效果文件\第7章\课堂案例\img\fwtk.html、xqy.html……

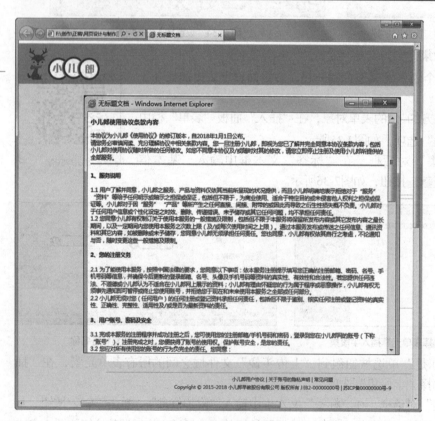

扫一扫

高清大图

图 7-39 完善网页行为效果

7.2.1 行为的基础知识

行为是由事件和该事件所触发的动作组合而成的。动作控制何时执行（如单击时开始执行等），事件控制执行的内容（如弹出对话框显示提示信息等）。

1. 事件

一般情况下，每个浏览器都提供一组事件，不同的浏览器有不同的事件，但大部分的浏览器都支持常用的事件，常用的事件及作用说明如下。

- onLoad：当载入网页时触发。
- onUnload：当用户离开页面时触发。
- onMouseOver：当鼠标光标移入指定元素范围时触发。
- onMouseDown：当用户按下鼠标左键但没有释放时触发。
- onMouseUp：当用户释放鼠标左键后触发。
- onMouseOut：当鼠标光标移出指定元素范围时触发。
- onMouseMove：当用户在页面上拖动鼠标时触发。
- onMouseWheel：当用户使用鼠标滚轮时触发。
- onClick：当用户单击了指定的页面元素，如链接、按钮或图像映像时触发。
- onDblClick：当用户双击了指定的页面元素时触发。
- onKeyDown：当用户任意按下一键时，在没有释放之前触发。
- onKeyPress：当用户任意按下一键，然后释放该键时触发。该事件是onKeyDown和onKeyUp事件的组合事件。
- onKeyUp：当用户释放了被按下的键后触发。
- onFocus：当指定的元素（如文本框）变成用户交互的焦点时触发。
- onBlur：和onFocus事件相反，当指定元素不再作为交互的焦点时触发。
- onAfterUpdate：当页面上绑定的数据元素完成数据源更新之后触发。
- onBeforeUpdate：当页面上绑定的数据元素已经修改并且将要失去焦点时也就是数据源更新之前触发。
- onError：当浏览器载入页面发生错误时触发。
- onFinish：当用户在选择框元素的内容中完成一个循环时触发。
- onHelp：当用户选择浏览器中的"帮助"菜单命令时触发。
- onMove：当移动浏览器窗口或框架时触发。

知识提示

认识动作

动作是指当用户触发事件后所执行的脚本代码，它一般使用JavaScript或VBScript编写，这些代码可以执行特定的任务，如打开浏览器窗口、显示或隐藏元素，或为指定元素添加效果等。

2. 添加行为

行为是预先编写好的一组JavaScript代码，执行这些代码可执行特定的任务，完成不同的特殊效果，如打开浏览器窗口、交互图像和预载图像等，而添加各行为的操作都需要通过"行为"浮动面板进行实现。

添加行为的方法为：选择需添加行为的对象，打开"行为"面板，单击"添加行为"按钮 ，在打开的下拉列表中选择需要的行为选项，并在打开的对话框中设置行为属性。完成后继续在"行为"面板中已添加行为左侧的列表框中设置事件即可。

3. 修改行为

添加行为后，可根据实际需要对行为进行修改，其方法为：在"行为"面板的列表框中选择要修改的行为，双击右侧的行为名称，在打开的对话框中重新进行设置，单击 确定 按钮即可。

4. 删除行为

对于无用的行为，可利用"行为"面板及时将其删除，以便更好地管理其他行为内容。删除行为的方法主要有以下几种。

● **利用 ━ 按钮删除**：在"行为"面板列表框中选择需删除的行为，单击上方的"删除事件"按钮。

● **利用快捷键删除**：在"行为"面板列表框中选择需删除的行为，然后直接按【Delete】键删除。

● **利用快捷菜单删除**：在"行为"面板列表框中选择需删除的行为，在其上单击鼠标右键，在弹出的快捷菜单中选择"删除行为"命令。

7.2.2 弹出窗口

"弹出信息"行为可以打开一个消息对话框，常用于为欢迎、警告或错误等信息弹出的相应对话框。下面以在"xelzc1.html"网页中添加"弹出窗口"行为为例进行介绍，其具体操作如下。

（1）打开"xelzc1.html"网页，在状态栏单击 <body> 按钮选中整个网页内容，按【Shift+F4】组合键打开"行为"面板，在其中单击"添加行为"按钮 ，在弹出的下拉列表中选择"弹出信息"选项，如图7-40所示。

（2）打开"弹出信息"对话框，在"消息"文本框中输入需要显示的文本内容，完成后单击 确定 按钮，如图7-41所示。

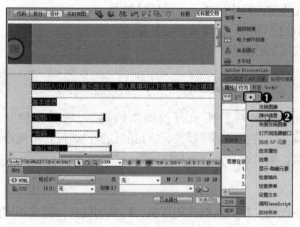

图7-40 选择行为

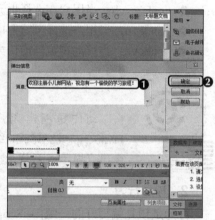

图7-41 设置信息内容

（3）添加的行为将显示在"行为"面板的列表框中，按【Ctrl+S】组合键保存设置，如图7-42所示。

（4）按【F12】键预览网页，页面将自动打开"来自网页的消息"对话框，查看后单击 确定 按钮即可，如图7-43所示。

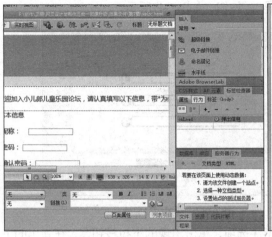
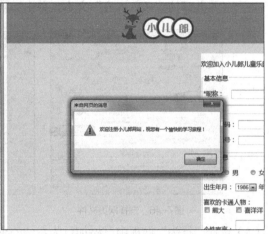

图7-42 保存设置　　　　　　　　　　图7-43 查看效果

7.2.3 打开浏览器窗口

使用"打开浏览器窗口"行为可在触发事件后打开一个新的浏览器窗口并显示指定的文档，该窗口的宽度、高度和名称等属性均可自主设置。下面以在"xelzc1.html"网页中添加"打开浏览器窗口"行为为例进行介绍，其具体操作如下。

微课视频

打开浏览器窗口

（1）选择网页下方的"条款内容"文本，在"行为"面板中单击"添加行为"按钮 ，在弹出的下拉列表中选择"打开浏览器窗口"选项，如图7-44所示。

（2）打开"打开浏览器窗口"对话框，单击"要显示的URL"文本框右侧的 浏览... 按钮，如图7-45所示。

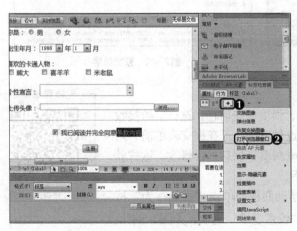

图7-44 选择行为　　　　　　　　　　图7-45 设置要显示的窗口文件

（3）打开"选择文件"对话框，选择"fwtk.html"网页文件，单击 确定 按钮，如图7-46所示。

（4）返回"打开浏览器窗口"对话框，将窗口宽度和窗口高度分别设置为"800"和"600"，单击选中"需要时使用滚动条"复选框，并在"窗口名称"文本框中输入"小儿郎协议条款内容"文本，单击 确定 按钮，如图7-47所示。

图7-46 选择网页文件

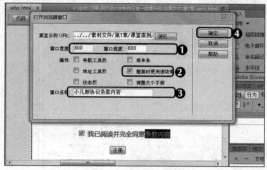

图7-47 设置窗口属性

（5）选择"行为"面板中已添加行为左侧的事件选项，单击出现的下拉按钮，在弹出的下拉列表中选择"onClick"选项，如图7-48所示。

（6）保存并预览网页，单击标签信息区域后将打开大小为800像素×600像素的窗口，并显示"fwtk.html"网页中的内容，效果如图7-49所示。

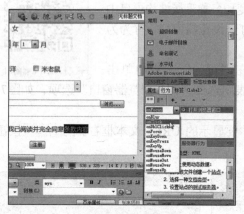

图7-48 设置事件

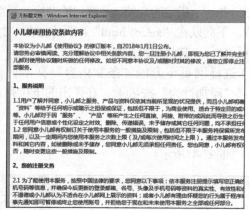

图7-49 预览效果

7.2.4 检查表单

在网页中添加表单后，可能会漏填、误填一些信息，这样会给接收与处理信息时带来许多麻烦，为了避免这种麻烦，可在提交表单前，对表单中的各项进行检查，再对提示错误或漏填等信息进行修改。这样就需使用到检查表单行为，其具体操作如下。

（1）选择整个表单，然后在"行为"浮动面板中单击"添加行为"按钮，在弹出的下拉列表中选择"检查表单"选项，如图7-50所示。

（2）打开"检查表单"对话框，在"域"列表框中选择"input 'user'"选项，然后再选中"必需的"复选框和"任何东西"单选项，如图7-51所示。

微课视频

检查表单

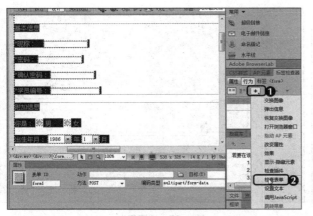

图7-50 选择行为

图7-51 设置文本域的验证条件

（3）在"域"列表框中选择"input 'password'"选项，然后单击选中"必需的"复选框并选中"数字"单选项，使用相同的方法将"input 'confirm'"文本对象的验证条件设置为与"input 'password'"相同，然后单击 确定 按钮，如图7-52所示。

（4）返回到网页文本中，按【Ctrl+S】组合键，保存网页，然后按【F12】键，启动浏览器，在浏览器中单击 允许组止的内容(A) 按钮，在昵称文本框中输入"aa"，然后在密码文本框中输入"aaaa"，然后单击 注册 按钮，则会打开一个提示对话框，提示密码文本框中应该为数字型文本，如图7-53所示。

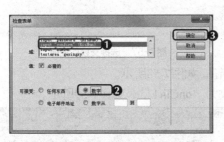

图7-52 设置密码域的验证条件

图7-53 预览效果

7.2.5 交换图像

"交换图像"行为可实现一个图像和另一个图像的交换行为，为网页增加互动性。其具体操作如下。

（1）打开"xqy.html"网页文件，选择"立即购买"左侧的大图，在"属性"面板的"ID"文本框中输入"big"，为其添加ID名称，如图7-54所示。

（2）选择下方第2张小图，在"行为"面板中单击"添加行为"按钮，在打开的下拉列表中选择"交换图像"选项，如图7-55所示。

微课视频

交换图像

图7-54　添加图像ID名称

图7-55　选择行为

（3）打开"交换图像"对话框，在"图像"列表框中选择"图像'big'"选项，单击"设定原始档为"文本框右侧的 [浏览] 按钮，如图7-56所示。

（4）打开"选择图像源文件"对话框，选择提供的"mt4.jpg"图像文件，单击 [确定] 按钮，如图7-57所示。

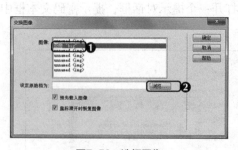

图7-56　选择图像

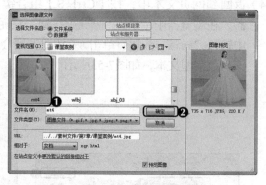

图7-57　选择交换的图像

（5）返回"交换图像"对话框，单击 [确定] 按钮，如图7-58所示。

（6）在"行为"面板中将所添加行为的事件更改为"onClick"，如图7-59所示。

图7-58　确定事件设置

图7-59　设置事件

（7）选择下方第3张小图，在"行为"面板中单击"添加行为"按钮 [+]，在弹出的下拉列表中选择"交换图像"选项，如图7-60所示。

（8）打开"交换图像"对话框，在"图像"列表框中同样选择"图像'big'"选项，单击"设定原始档为"文本框右侧的 [浏览] 按钮，如图7-61所示。

图7-60 选择行为

图7-61 选择图像

（9）打开"选择图像源文件"对话框，选择提供的"mt2.jpg"图像文件，单击 确定 按钮，如图7-62所示。

（10）返回"交换图像"对话框，单击 确定 按钮，如图7-63所示。

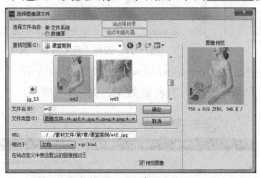
图7-62 选择交换的图像

图7-63 设置交换图像其他属性

（11）在"行为"面板中将所添加行为的事件更改为"onClick"，如图7-64所示。

（12）选择网页左侧第4张小图，按相同方法为其添加"交换图像"行为，事件设置为"onClick"，交换的图像设置为"mt3.jpg"，如图7-65所示。

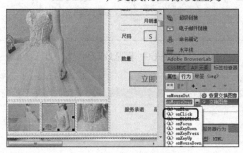
图7-64 设置事件

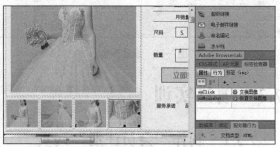
图7-65 添加行为

（13）保存并预览网页，此时单击下方小图，上方将显示对应的大图效果。

7.2.6 添加效果

"效果"行为可以为网页中的页面元素添加各种有趣的动态效果，如"增大/收缩""挤压""晃动""显示/渐隐"和"高亮颜色"等。这些效果的设置流程大致相同，其具体操作如下。

（1）选择表格上方的大图，在"行为"面板中单击"添加行为"按钮 ，在弹出的下拉列表中选择【效果】/【增大/收缩】选项，如图7-66所示。

微课视频

添加效果

（2）打开"增大/收缩"对话框，将"效果"下拉列表设置为"增大"，单击 确定 按钮，如图7-67所示。

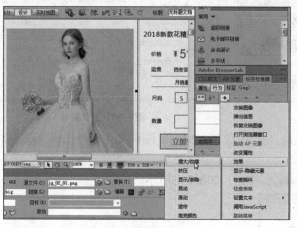

图7-66　选择行为　　　　　　　　　　　　图7-67　设置"增大/收缩"属性

（3）在"行为"面板中将所添加行为的事件更改为"onMouseMove"，如图7-68所示。

（4）保存并预览网页，此时将鼠标指针移至大图上时即可查看到效果，如图7-69所示。

图7-68　设置事件　　　　　　　　　　　　　图7-69　预览效果

7.3　项目实训

7.3.1　制作"会员注册"网页

1．实训目标

本实训的目标是制作"会员注册"网页，制作时先创建表单并设置属性，然后插入表单对象。本实训完成后的参考效果如图7-70所示。

素材所在位置　素材文件\第7章\项目实训\chww_zc.html

效果所在位置　效果文件\第7章\项目实训\chww_zc.html

图7-70 "注册"网页效果

2. 专业背景

在实际工作中制作表单页面时需注意以下几个方面,从而提高表单制作的专业水平。

● 制作表单页面前需先插入一个表单,然后向表单中添加各种表单对象,如果没有插入表单而直接插入表单对象,Dreamweaver会弹出对话框询问用户是否添加表单。

● 不要对表单对象进行统一的命名,而应根据实际需要进行不同的设置,否则可能会出现选择混乱。但有时也需要将名称设置相同,如分别添加了两个单选按钮,如果名称不一样则会出现两个都可选中的情况,如果将两个对象设置为相同的名称,则在网页中将只能选中一个。

● 很多表单页面仅需收集用户的一些文字信息,如用户名、密码、联系方式、出生年月等,如需用户提供一些文件信息,如单独的个人简历、照片等,则可在表单中添加文件域,让用户可以通过单击文件域按钮来向表单中添加附加文件。

3. 操作思路

完成本实训需要先在网页中添加一个表单,然后在表单中插入相关的表单对象,其操作思路如图7-71所示。

① 插入表单　　　　② 插入文本字段　　　　③ 插入其他表单对象

图7-71 "注册"网页的制作思路

【步骤提示】

（1）打开"chww_zc.html"网页文件，将插入点定位到空白的单元格中，插入一个表单。

（2）将插入点定位到表单区域，在其中插入相关的"文本字段"表单对象，并设置其属性。

（3）按【Enter】键分段，在"插入"面板"表单"栏中选择"选择（列表/菜单）"选项，打开"输入标签辅助功能属性"对话框并在其中进行设置，完成后单击 ▭确定 按钮。

（4）用空格键使其与上方的文本字段对齐，选择插入的菜单，在"属性"面板中单击 ▭列表值 按钮，打开"列表值"对话框，利用"添加"按钮添加两个名称为"男"和"女"的项目标签，单击 ▭确定 按钮。

（5）按【Enter】键分段，在"插入"面板"表单"栏中选择"文本区域"选项，打开"输入标签辅助功能属性"对话框，分别在"ID"文本框和"标签"文本框中输入"impression"和"宠物网印象："，单击 ▭确定 按钮。

（6）选择插入的文本区域对象，在"属性"面板中设置字符宽度和行数，以及"类型"，并将初始值设置为"简述对宠物网的印象"。

（7）按【Enter】键分段，输入"购买过本网站哪些产品："文本后，在"插入"面板"表单"栏中选择"复选框"选项。打开"输入标签辅助功能属性"对话框，在其中进行相关设置，单击 ▭确定 按钮。

（8）在插入的复选框对象右侧插入若干空格，再次使用相同的方法添加一个复选框字段。

（9）将插入点定位到复选框表单元素右侧，按【Enter】键分段，输入"从哪里了解到宠物网："文本，在"插入"面板"表单"栏中选择"单选按钮组"选项，打开"单选按钮组"对话框，在其中设置相关的单选项属性。

（10）将插入点定位在单选按钮组后，按【Enter】键分段。在"插入"面板"表单"栏中选择"文件域"选项，打开"输入标签辅助功能属性"对话框，在其中设置"ID"和"标签"属性，单击 ▭确定 按钮。

（11）将插入点定位到复选框表单元素右侧，按【Enter】键分段，在"插入"面板中选择"按钮"选项，打开"输入标签辅助功能属性"对话框，在"ID"文本框中输入"submit"，单击 ▭确定 按钮。在"属性"面板中更改"值"为"马上注册"，使用相同的方法制作"重新填写"按钮。同时添加一个复选框。

（12）选择网页中最上方的5种表单对象，在"插入"面板中选择"字段集"选项，打开"字段集"对话框，在"标签"文本框中输入"基本信息"，单击 ▭确定 按钮，然后再为其他表单元素添加一个"附加信息"字段集，保存网页即可。

7.3.2 制作"用户注册"网页

1. 实训目标

本实训的目标是使用表单功能来制作"用户注册"页面，然后通过行为使其实现交互功能。本实训完成后的参考效果如图7-72所示。

素材所在位置 素材文件\第7章\项目实训\gsw_dl.html、gsw_zc.html、img\
效果所在位置 效果文件\第7章\项目实训\gsw_dl.html、gsw_zc.html、img\

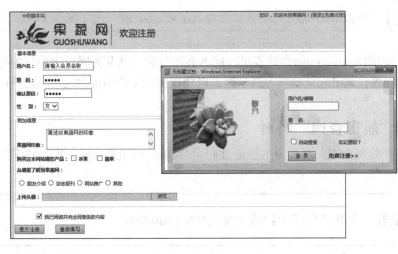

制作"用户注册"网页

图7-72 "用户注册"网页效果

2. 专业背景

大多数优秀的网页中,不只包含文本和图像,还有许多其他交互式效果,其中就包含了JavaScript行为。行为可以将事件与动作进行结合,使用行为可以让页面中实现许多特殊的交互效果。

3. 操作思路

完成本实训需要先创建表单并设置属性,然后插入表单对象并进行验证,最后为该页面添加相关的行为,并将其链接到主页上,其操作思路如图7-73所示。

① 创建表单　　　② 添加检查表单行为　　　③ 添加打开浏览器窗口行为

图7-73 "会员注册"网页的制作思路

【步骤提示】

（1）打开"gsw_zc.html"网页文件,在其中创建一个表单,然后向其中添加相关的表单元素,并设置相关参数。

（2）在表单区域中选择"用户名"表单对象,对其添加检查表单行为。

（3）选择上方的"gsw_bz(2).png"图像,在"行为"面板中单击"添加行为"按钮 + ,在弹出的下拉列表中选择"弹出信息"选项,在打开的对话框中进行设置。

（4）选择"登录"文本,在"行为"面板中单击"添加行为"按钮 + ,在弹出的下拉列表中选择"打开浏览器窗口"选项,打开"打开浏览器窗口"对话框,单击"要显示的 URL"文本框右侧的 浏览... 按钮,在打开的对话框中设置其打开的网页为"gsw_dl.html"网页文件,然后保存即可。

7.4　课后练习

本章主要介绍了使用Dreamweaver创建表单、插入表单元素，以及为网页添加行为等相关操作。对于本章的内容，读者应认真学习并掌握，以便在实际工作中灵活运用，提高网站的制作效率。

练习1：制作"航班查询"网页

本练习要求制作"航班查询"网页，主要通过列表/菜单、按钮来完成，参考效果如图7-74所示。

 效果所在位置　效果文件\第7章\课后练习\hangban.html

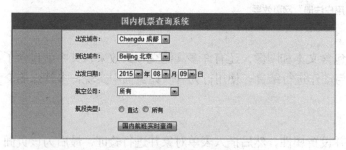

图7-74　"航班查询"网页效果

要求操作如下。

- 新建"hangban.html"网页文件，在其中插入表格，并设置表格属性。
- 添加表单标签，输入文本"出发城市："，在其右侧添加一个选择（列表/菜单），通过"属性"面板设置其列表值。
- 在下方的单元格中输入文本"到达城市："，复制添加的选择（列表/菜单）。
- 在下一行单元格中输入文本"出发日期："，在其右侧分别插入3个选择（列表/菜单），根据需要设置其列表值。
- 在下一行单元格中输入文本"航空公司："，在其右侧添加一个选择（列表/菜单），根据需要设置其列表值。
- 在下一行单元格中输入文本"航段类型："，在其右侧添加单选按钮组，并分别设置其标签和选定值为"直达、1"和"所有、2"。
- 在最后一行表格中添加按钮，并设置按钮的值为"国内航班实时查询"。保存网页完成网页的制作。

练习2：制作搜索条

本练习要求结合文本字段、按钮、单选按钮组来制作一个内容搜索条。参考效果如图7-75所示。

 效果所在位置　效果文件\第7章\课后练习\search.html

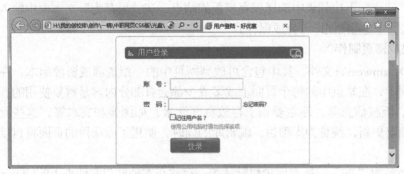

图7-75 "搜索条"效果

要求操作如下。

微课视频

制作搜索条

● 新建一个名为 "search.html" 的网页文件，设置页面背景为 "黑色"，文本颜色为 "白色"。

● 添加文本字段、按钮、单选按钮组即可。

练习3：制作 "login.html" 登录界面

本练习要求使用表单功能来制作登录页面，制作时先在 "login.html" 网页中添加表单，在表单中添加相应的表单对象，并对表单对象的属性进行设置，最后添加行为。参考效果如图7-76所示。

素材所在位置 素材文件\第7章\课后练习\login\login.html、img\

效果所在位置 效果文件\第7章\课后练习\login\login.html、img\

微课视频

制作 "login.htm" 登录界面

图7-76 "login" 登录界面效果

要求操作如下。

● 打开提供的素材网页文件，在其中添加文本字段、按钮、复选框等表单对象。

● 为表单添加 "检查表单" 行为。

7.5 技巧提升

1．表单制作技巧

下面对表单制作的技巧进行总结。

● **表单布局优化**：设计表单时，如果表单结构较为复杂或表单元素的位置排列和布局不如人意，可以通过表格对其进行结构优化，利用单元格来分隔不同的表单元素，以实现复杂的表单布局，从而设计出布局合理、外观精美的表单。

● **界面外观优化**：默认添加的表单对象的外观是固定的，如果需要设置个性化的外观，可以通过CSS样式来定义并进行美化。如希望制作个性化的按钮效果，可为按钮创建一个专门的CSS样式规则，通过在CSS样式规则中设置按钮文本样式、背景和边框等属性来修饰按钮，也可以直接使用表单对象中的图像域来代替按钮，这样就可以将任何一幅图像作为按钮来使用。

- **隐藏与显示表单虚线框**：如果插入表单后网页文档中没有显示出红色虚线框，可选择【查看】/【可视化助理】/【不可见元素】菜单命令显示红色虚线框，再次选择该菜单命令则可隐藏红色虚线框。

- **表单对象的添加途径**：在Dreamweaver CS6中，可以通过三种途径来添加表单对象，第一种是"插入"面板中的"表单"栏；第二种是选择【插入】/【表单】菜单命令，在打开的子菜单中选中需要的表单对象；第三种是选择【插入】/【Spry】菜单命令，在打开的子菜单中可选择需要的Spry验证构件。

2. 快速制作相同结构的网页

若要快速制作出内容相似的网页，可通过模板来实现。模板的编辑方法与普通网页相同，创建模板的目的在于快速利用该模板创建内容相似的网页，从而提高制作效率。创建模板的方法：选择【文件】/【新建】菜单命令，打开"新建文档"对话框，选择左侧的"空模板"选项，在"模板类型"列表框中选择"HTML模板"选项，在"布局"列表框中选择"<无>"选项。最后单击 创建(R) 按钮即可创建一个空白的模板文件。创建了空白模板后，即可在其中编辑需要的内容，完成后可选择【文件】/【保存】菜单命令，此时将打开"另存为模板"对话框，在"站点"下拉列表中选择保存模板的站点，在"另存为"文本框中输入模板的名称，最后单击 保存 按钮即可完成保存。

3. 使用库快速完成网页制作

库是一种特殊的Dreamweaver文件，其中包含可放到网页中的一组资源或资源副本，在许多网站中都会使用到库，在站点中的每个页面上或多或少都会有部分内容是重复使用的，如网站页眉、导航区、版权信息等。库主要用于存放页面元素，如图像和文本等，这些元素能够被重复使用或频繁更新，统称为库项目。编辑库的同时，使用了库项目的页面将自动更新。

库项目的文件扩展名为".lbi"，所有库项目默认统一存放在本地站点文件夹下的Library文件夹中。使用库也可以实现页面风格的统一，主要是将一些页面中的共同内容定义为库项目，然后放在页面中，这样对库项目进行修改后，通过站点管理，就可以对整个站点中所有放入了该库项目的页面进行更新，实现页面风格的统一更新。

创建库的方法是：选择导航栏，然后选择【修改】/【库】/【增加对象到库】菜单命令，在"资源"面板中修改创建的库文件名称。新建并命名库文件后，可直接在"资源"面板中双击库文件对应的选项打开该库文件页面，可对文件内容进行添加和修改。

CHAPTER 8

第8章
制作ASP动态网页

情景导入

米拉通过对网页设计的熟悉，发现对于一些交互页面，不知道页面中的数据提交到哪里去了，老洪知道后告诉她，要收集用户提交的数据等，需要制作动态网页，然后利用后台收集数据。

学习目标

- 掌握搭建动态网站平台的方法。

  如动态网页的基础、安装与配置IIS、使用Access创建数据表、创建与配置动态站点、创建数据源等。

- 掌握制作"发货记录"动态网页的方法。

  如创建记录集、插入动态表格、创建记录集导航、插入记录和删除记录等。

- 掌握制作"食孜源"App页面的方法。

  如创建移动平台网页页面、添加jQuery Mobile组件等。

案例展示

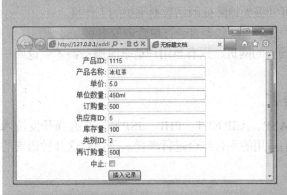

▲制作"发货记录"动态网页

▲制作"食孜源"App页面

8.1 课堂案例：搭建动态网站平台

米拉决定向老洪学习制作动态网页的技术，老洪告诉米拉："动态网页是指可以动态产生网页信息的一种网页制作技术。ASP是制作动态网页的常用语言之一，是较为简单的开发语言，适合初学者使用，你可以先学习如何搭建动态网站平台。"于是，米拉先了解了相关的动态网页基础知识，然后再安装与配置IIS服务器、定义站点、创建数据库连接，本任务参考效果如图8-1所示。

 效果所在位置 效果文件\第8章\课堂案例\user_d1.accdb

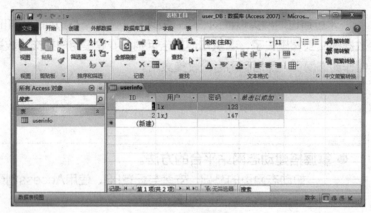

图8-1 数据表效果

8.1.1 认识动态网页

本书前面制作的页面扩展名为".html"的文件均代表静态网页，动态网页的扩展名多以".asp"".jsp"".php"等形式出现，这是二者在文件名上的区别。另外，动态网页并不是指网页上会出现各种动态效果，如动画或滚动字幕等，而是指这类网页可以从数据库中提取数据并及时显示在网页中，也可通过页面收集用户在表单中填写的各种信息以便于数据的管理，这些都是静态网页所不具备的强大功能。

总的来说，动态网页具有以下几个方面的特点。

● 动态网页以数据库技术为基础，可以极大地降低网站数据维护的工作量。
● 动态网页可以实现用户注册、用户登录、在线调查、订单管理等各种功能。
● 动态网页并不是独立存在于服务器上的网页，只有当用户请求时服务器才会返回一个完整的网页。

8.1.2 动态网页常用的开发语言

目前主流的动态网页开发语言主要有ASP、ASP.NET、PHP、JSP等，在选择开发技术时，应该根据其语言的特点，以及所建网站适用的平台综合进行考虑。下面对这几种语言的特点进行讲解。

1. ASP

ASP是Active Server Pages的缩写，中文含义是"活动服务器页面"。自从Microsoft推出了ASP后，它以其强大的功能、简单易学的特点受到广大Web开发人员的喜欢。不过它只能在Windows平台下使用，虽然它可以通过增加控件而在Linux下使用，但是其功能最强大的DCOM控件却不能使用。ASP作为Web开发的最常用的工具，具有许多突出的特点，对其分别介绍如下。

- **简单易学**：使用VBScript、Javascript等简单易懂的脚本语言，结合HTML代码，即可快速地完成网站应用程序的开发。
- **构建的站点维护简便**：Visual Basic非常普及，如果用户对VBScript不熟悉，还可以使用Javascript或Perl等其他技术编写ASP页面。
- **可以使用标记**：所有可以在HTML文件中使用的标记语言都可用于ASP文件中。
- **适用于任何浏览器**：对于客户端的浏览器来说，ASP和HTML几乎没有区别，仅仅是后缀的区别，当客户端提出ASP申请后，服务器将"<%"和"%>"之间的内容解释成HTML语言并传送到客户端的浏览器上，浏览器接收的只是HTML格式的文件，因此，它适用于任何浏览器。
- **运行环境简单**：只要在计算机上安装IIS或PWS，并把存放ASP文件的目录属性设为"执行"，即可直接在浏览器中浏览ASP文件，并看到执行的结果。
- **支持COM对象**：在ASP中使用COM对象非常简便，只需一行代码就能够创建一个COM对象的事例。用户既可以直接在ASP页面中使用Visual Basic和Visual C++各种功能强大的COM对象，同时还可创建自己的COM对象，直接在ASP页面中使用。

认识ASP网页

ASP网页是以".asp"为扩展名的纯文本文件，可以用任何文本编辑器（例如记事本）对ASP网页进行打开和编辑操作，也可以采用一些带有ASP增强支持的编辑器（如：Microsoft Visual InterDev和Dreamweaver）简化编程工作。

171

2. ASP. NET

ASP.NET是一种编译型的编程框架，它的核心是NGWS runtime，除了和ASP一样可以采用VBScript和Javascript作为编程语言外，还可以用VB和C#来编写，这就决定了它功能的强大，可以进行很多低层操作而不必借助于其他编程语言。

ASP.NET是一个建立服务器端Web应用程序的框架，它是ASP 3.0的后继版本，但并不仅仅是ASP的简单升级，而是Microsoft推出的新一代Active Server Pages脚本语言。ASP.NET是微软发展的新型体系结构.NET的一部分，它的全新技术架构会让每一个人的网络生活都变得更简单，它吸收了ASP以前版本的最大优点并参照Java、VB语言的开发优势加入了许多新的特色，同时也修正了以前的ASP版本的运行错误。

3. PHP

PHP是编程语言和应用程序服务器的结合，PHP的真正价值在于它是一个应用程序服务器，而且它是开发程序，任何人都可以免费使用，也可以修改源代码。PHP的特点如下。

- **开放源码**：所有的PHP源码都可以得到。
- **没有运行费用**：PHP是免费的。
- **基于服务器端**：PHP是在Web服务器端运行的，PHP程序可以很大、很复杂，但不会降低客户端的运行速度。

- **跨平台**：PHP程序可以运行在UNIX、Linux、Windows操作系统下。
- **嵌入HTML**：因为PHP语言可以嵌入到HTML内部，所以PHP容易学习。
- **简单的语言**：与Java和C++不同，PHP语言坚持以基本语言为基础，它可支持任何类型的Web站点。
- **效率高**：和其他解释性语言相比，PHP系统消耗较少的系统资源。当PHP作为Apache Web服务器的一部分时，运行代码不需要调用外部二进制程序，服务器解释脚本不需要承担任何额外负担。
- **分析XML**：用户可以组建一个可以读取XML信息的PHP版本。
- **数据库模块**：PHP支持任何ODBC标准的数据库。

4. JSP

JSP（Java Server Pages）是由Sun公司倡导、许多公司参与并一起建立的一种动态网页技术标准。JSP为创建动态的Web应用提供了一个独特的开发环境，能够适应市场上包括Apache WebServer、IIS在内的大多数服务器产品。

JSP与Microsoft的ASP在技术上虽然非常相似，但也有许多的区别，ASP的编程语言是VBScript之类的脚本语言，JSP使用的是Java，这是两者最明显的区别。此外，ASP与JSP还有一个更为本质的区别：两种语言引擎用完全不同的方式处理页面中嵌入的程序代码。在ASP下，VBScript代码被ASP引擎解释执行；在JSP下，代码被编译成Servlet并由Java虚拟机执行，这种编译操作仅在对JSP页面的第一次请求时发生。JSP有以下几个特点。

- **动态页面与静态页面分离**：脱离了硬件平台的束缚，以及编译后运行等方式，大大提高了其执行效率，使其逐渐成为因特网上的主流开发工具。
- **以"<%"和"%>"作为标识符**：JSP和ASP在结构上类似，不同的是，在标识符之间的代码ASP为JavaScript或VBScript脚本，而JSP为Java代码。
- **网页表现形式和服务器端代码逻辑分开**：作为服务器进程的JSP页面，首先被转换成Servlet（一种服务器端运行的Java程序）。
- **适应平台更广**：多数平台都支持Java，JSP+JavaBean可以在所有平台下通行无阻。
- **JSP的效率高**：JSP在执行以前先被编译成字节码（Byte Code），字节码由Java虚拟机（Java Virtual Machine）解释执行，比源码解释的效率高；服务器上还有字节码的Cache机制，能提高字节码的访问效率。第一次调用JSP网页可能稍慢，因为它被编译成Cache，以后会更快。
- **安全性更高**：JSP源程序不大可能被下载，特别是JavaBean程序完全可以放在不对外的目录中。
- **组件（Component）方式更方便**：JSP通过JavaBean实现了功能扩充。
- **可移植性好**：从一个平台移植到另外一个平台，JSP和JavaBean甚至不用重新编译，因为Java字节码都是标准的，与平台无关。在NT下的JSP网页原封不动地拿到Linux下就可以运行。

8.1.3 动态网页的开发流程

要创建动态网站，首先应确定使用哪种网页语言，如ASP、ASP.NET、PHP、JSP等，然后确定需要哪种数据库，如Access、MySQL、Oracle、Sybase等，接着确定用哪种网站开发工具来开发动态网页，如Dreamweaver、Frontpage等，然后需要确定服务器，以便先对其进行安装和配置，并利用数据库软件创建数据库及表，最后在网站开发工具中创建站点并开始动态网页的制作。

在制作动态网页的过程中，一般先制作静态页面，然后创建动态内容，即创建数据库、请求变量、服务器变量、表单变量、预存过程等内容。将这些源内容添加到页面中，最后对整个页面进行测试，测试通过即可完成该动态页面的制作；如果未通过，则需进行检查修改，直至通过为止。最后将完成本地测试的整个网站上传到Internet申请的空间中，再次进行测试，测试成功后就可正式运行。

8.1.4　认识Web服务器

Web服务器的功能是根据浏览器的请求提供文件服务，它是动态网页不可或缺的工具之一。目前常见的Web服务器有IIS、Apache、Tomcat等几种。

- **IIS**：IIS是Microsoft公司开发的功能强大的Web服务器，它可以在Windows NT以上的系统中对ASP动态网页提供有效的支持，虽然不能跨平台的特性限制了其使用范围，但Windows操作系统的普及使它得到了广泛的应用。IIS主要提供FTP、HTTP、SMTP等服务，它使Internet成为了一个正规的应用程序开发环境。

- **Apache**：Apache是一款非常优秀的Web服务器，是目前市场占有率最高的Web服务器，它为网络管理员提供了非常多的管理功能，主要用于UNIX和Linux平台，也可在Windows平台中使用。Apache的特点是简单、快速、性能稳定，并可作为代理服务器来使用。

- **Tomcat**：Tomcat是Apache组织开发的一种JSP引擎，本身具有Web服务器的功能，可以作为独立的Web服务器来使用。但是在作为Web服务器方面，Tomcat处理静态HTML页面时不如Apache迅速，也没有Apache稳定，所以一般将Tomcat与Apache配合使用，让Apache对网站的静态页面请求提供服务，而Tomcat作为专用的JSP引擎，提供JSP解析，以得到更好的性能。

8.1.5　安装与配置IIS

IIS是最适合初学者使用的服务器，下面介绍如何对Web服务器进行安装和配置，其具体操作如下。

（1）选择【开始】/【控制面板】菜单命令，在"控制面板"窗口中单击"卸载程序"超链接，在打开的窗口中单击"打开或关闭Windows功能"超链接，如图8-2所示。

图8-2　打开程序功能窗口

（2）打开"Windows功能"对话框，展开"Internet信息服务"选项，按照如图8-3所示的方法进行设置。

（3）单击 确定 按钮即可安装选中的功能。

（4）返回"控制面板"窗口，单击"管理工具"超链接，打开"管理工具"窗口，双击"Internet信息服务（IIS）管理器"选项，如图8-4所示。

图8-3　设置Internet信息服务　　　　　　图8-4　打开IIS管理器

（5）打开"Internet信息服务（IIS）管理器"对话框，在左侧列表中展开并选择"Default Web Site"选项，在右侧列表中双击"ASP"选项，如图8-5所示。

（6）在"行为"目录下的"启用父路径"属性的右侧将值设置为"True"，然后单击右侧的"应用"超链接确认，如图8-6所示。

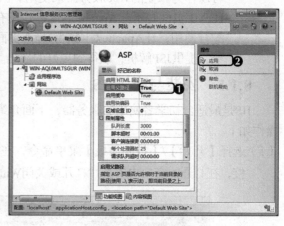

图8-5　设置Default Web Site主页　　　　　　图8-6　设置父路径

（7）在左侧的"Default Web Site"选项上单击鼠标右键，在弹出的快捷菜单中选择"添加虚拟目录"命令，打开"添加虚拟目录"对话框，在其中设置别名为"hotel"，单击 按钮，打开"浏览文件夹"对话框，在其中选择D盘下的"hotel"文件夹，单击 确定 按钮确认设置，如图8-7所示。

（8）返回"添加虚拟目录"对话框，按如图8-8所示的方法进行设置，单击 确定 按钮。

| 图8-7 新建虚拟目录 | 图8-8 完成目录创建 |

8.1.6 使用Access创建数据表

Access是Office办公组件之一，用于创建和管理数据库。为了获取动态网页中的数据，需要使用数据库收集和管理这些数据，其具体操作如下。

微课视频

使用Access创建数据表

（1）启动Access 2013，打开"Access 2013"的操作界面，在打开的界面中直接双击"空白桌面数据库"按钮 ，创建空白数据库，如图8-9所示。

（2）打开"空白桌面数据库"窗口，在"文件名"文本框中设置数据库的名称为"user_dl"，单击"浏览"按钮 ，然后在打开的对话框中设置数据库的保存位置，最后单击"创建"按钮 ，如图8-10所示。

175

图8-9 新建空白数据库

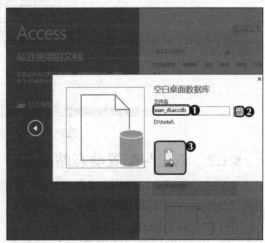

图8-10 保存数据库

（3）在打开的窗口的右侧表格中，单击"单击以添加"右侧的下拉按钮 ，在弹出的下拉列表中选择"短文本"选项，在该文本框中输入"用户"，如图8-11所示。

（4）使用相同的方法，在"用户"字段后输入"密码"，并将其设置为"文本"型字段，如图8-12所示。

图8-11　添加数据表字段

图8-12　添加数据表的其他字段

（5）在字段名下方输入用户名和密码，按【Ctrl+S】组合键，打开"另存为"对话框，在"表名称"文本框中输入"userinfo"，单击 确定 按钮，在表格右上角单击 × 按钮，如图8-13所示，关闭Access 2013，完成数据库的创建。

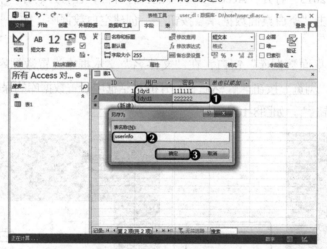

图8-13　输入数据表数据并保存

8.1.7　创建与配置动态站点

为了让动态网页与数据库文件相关联，需要在Dreamweaver中创建与配置动态站点，其具体操作如下。

微课视频

创建与配置动态站点

（1）在Dreamweaver操作界面中选择【站点】/【新建站点】菜单命令，在打开对话框左侧的列表中选择"站点"选项，将站点名称设置为"hotel"，将本地站点文件夹设置为D盘下的"hotel"文件夹，如图8-14所示。

（2）在左侧的列表中选择"服务器"选项，单击右侧界面中的"添加"按钮 ，打开设置服务器的界面，在"服务器名称"文本框中输入"hotel"，在"连接方法"下拉列表中选择"本地/网络"选项，单击"服务器文件夹"文本框右侧的"浏览文件夹"按钮 ，如图8-15所示。

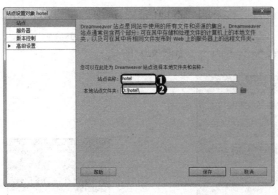

图8-14 设置站点名称和文件夹

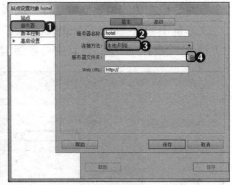

图8-15 配置服务器基本信息

（3）打开"选择文件夹"对话框，选择并双击站点中的"hotel"文件夹，然后单击 选择(S) 按钮，如图8-16所示。

（4）在返回界面的"Web URL"文本框中输入"http://localhost/hotel/"，如图8-17所示。

图8-16 选择文件夹

图8-17 设置"Web URL"地址

（5）单击上方的 高级 按钮，在"测试服务器"栏的"服务器模型"下拉列表中选择"ASP VBScript"选项，单击 保存 按钮，如图8-18所示。

（6）返回"站点设置对象 hotel"对话框，单击撤销选中"远程"栏下方的复选框，并单击选中"测试"栏下方的复选框，单击 保存 按钮，如图8-19所示。

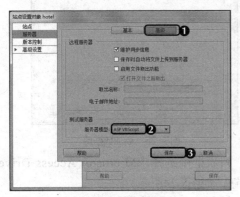

图8-18 设置服务器模型

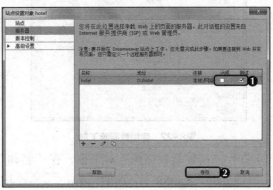

图8-19 设置测试服务器

（7）在对话框左侧的列表框中选择"高级设置"栏下的"本地信息"选项，在"Web URL"文本框中输入"http://localhost/hotel/"，单击 保存 按钮，如图8-20所示。

（8）打开"文件"面板，在其中可看到创建的站点内容，如图8-21所示。

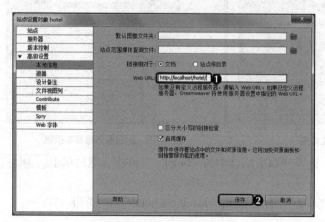

图8-20　设置服务器地址

图8-21　完成站点的创建

8.1.8　创建数据源

创建动态站点后，还需要创建数据源，使动态网页中的数据能直接与数据库中的数据相关联，其具体操作如下。

微课视频

创建数据源

（1）打开"控制面板"窗口，在其中双击"管理工具"图标，打开"管理工具"窗口，继续双击其中的"数据源（ODBC）"图标，如图8-22所示。

（2）打开"ODBC数据源管理器"对话框，单击"系统DSN"选项卡，单击其中的 添加(D)... 按钮，如图8-23所示。

图8-22　启用数据源工具

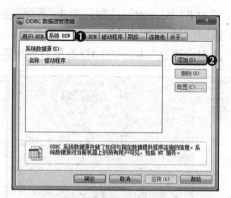

图8-23　添加数据源

（3）打开"创建新数据源"对话框，在"名称"列表框中选择"Microsoft Access Driver（*.mdb，*.accdb）"选项，单击 完成 按钮，如图8-24所示。

（4）打开"ODBC Microsoft Access 安装"对话框，在"数据源名"文本框中输入"conn"，在"说明"文本框中输入"用户登录数据"，单击"数据库"栏中的 选择(S)... 按钮，如图8-25所示。

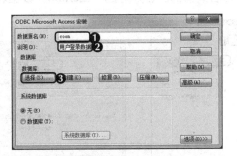

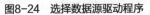

图8-24 选择数据源驱动程序　　　　　图8-25 设置数据库

安装Access Database Engine

　　若在"创建新数据源"对话框中没有"Microsoft Access Drive"选项，则表示用户系统中没有安装Access Database Engine插件，用户需先安装该插件后才能使用Access数据源。

（5）打开"选择数据库"对话框，在"驱动器"下拉列表中选择D盘对应的选项，双击上方列表框中的"hotel"文件夹，并在左侧的列表框中选择前面创建的"user_dl.accdb"数据库文件，单击 确定 按钮，如图8-26所示。

（6）返回"ODBC Microsoft Access 安装"对话框，单击 确定 按钮，再次单击 确定 按钮，完成数据源设置，打开Dreamweaver操作界面，选择【文件】/【新建】菜单命令，在打开对话框的左侧选择"空白页"选项，在"页面类型"栏中选择"ASP VBScript"选项，单击 创建(R) 按钮，如图8-27所示。

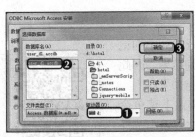

图8-26 选择数据库文件　　　　　图8-27 新建ASP网页

（7）选择【窗口】/【数据库】菜单命令，单击"数据库"面板中的"添加"按钮，在弹出的下拉列表中选择"数据源名称（DSN）"选项，如图8-28所示。

（8）打开"数据源名称（DSN）"对话框，在"连接名称"文本框中输入"testconn"，在"数据源名称"下拉列表中选择"conn"选项，单击 确定 按钮，如图8-29所示。

（9）完成数据源的创建，此时"数据库"面板中将出现"testconn"数据源，展开该目录后可看到前面已创建好的"userinfo"数据表，如图8-30所示。

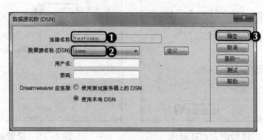

图8-28 新建数据源　　　　　　　图8-29 设置连接名称　　　　　　图8-30 完成创建

8.2 课堂案例：制作"发货记录"动态网页

老洪告诉米拉，数据提交到后台后，可制作一个单独的页面显示接收到的数据，通过记录功能即可实现。米拉决定制作一个发货记录网页，用于显示后台接收到的数据，本例的参考效果如图8-31所示。

素材所在位置　素材文件\第8章\课堂案例\Product.mdb
效果所在位置　效果文件\第8章\课堂案例\myWeb\OK.html……

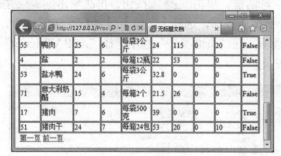
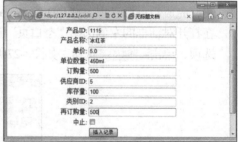

图8-31 "发货记录"动态网页

8.2.1 创建记录集

数据库中的数据是以行和列显示的，通过Dreamweaver CS6中的记录集即可连接到数据库中具体的表格，然后得到数据的查询结果。因此要显示数据库中的内容，就必须先创建记录集，其具体操作如下。

（1）创建"Product.asp"网页文件，选择【窗口】/【绑定】菜单命令，打开"绑定"面板，单击 按钮，在弹出的下拉列表中选择"记录集（查询）"选项，如图8-32所示。

（2）打开"记录集"对话框，在"名称"文本框中输入记录集的名称，如"product"。

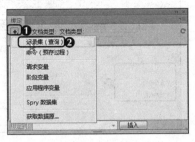

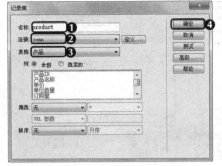

图8-32 选择命令 　　　　　图8-33 "记录集"对话框

（3）在"连接"下拉列表中选择一个数据库连接选项，在"表格"下拉列表中选择要对其进行查询的选项。

（4）在"列"栏中设置查询结果中包含的字段名称，如果单击选中 ⊙ 全部 单选项，则表示查询结果将包含该表中所有字段，单击 确定 按钮，如图8-33所示。

（5）在"筛选"栏中设置查询的条件，在"排序"栏第1个下拉列表中可选择要排序的字段，在第2个下拉列表中可选择按升序或降序进行排序，完成设置后单击 测试 按钮，如图8-34所示。

（6）在打开的"测试SQL指令"对话框中可看到测试的结果，如图8-35所示。

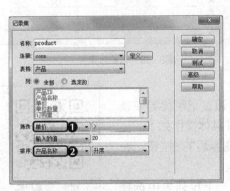

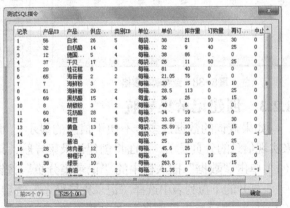

图8-34 查询记录集 　　　　　图8-35 "测试SQL指令"对话框

（7）单击 确定 按钮关闭"测试SQL指令"对话框，再单击 确定 按钮关闭"记录集"对话框，返回"绑定"面板可以看到创建的记录集。

8.2.2 插入动态表格

要在网页中显示记录集中连接的数据，需要在网页中插入动态表格，其具体操作如下。

（1）单击"数据"栏中"动态数据"按钮 后的 按钮，在弹出的下拉列表中选择"动态表格"选项，如图8-36所示。

（2）打开"动态表格"对话框，在"记录集"下拉列表中选择"product"选项，在"显示"栏中设置当前页面显示的记录条数，如这里直接输入"20"，在"边框""单元格边距"和"单元格间距"文本框中设置表格的边框样式，单击 确定 按钮，如图8-37所示。

图8-36　插入动态表格

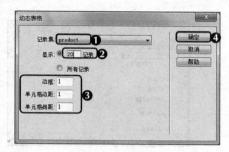

图8-37　查看表格

（3）返回网页中可查看插入的动态表格，如图8-38所示。

（4）保存网页，按【F12】键即可在浏览器中预览，还可查看到查询出的数据，如图8-39所示。

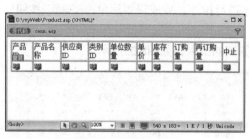

图8-38　查看动态表格

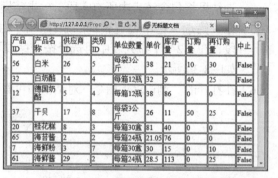

图8-39　预览效果

8.2.3　创建记录集导航

如果查询的数据过多，不便于信息的显示，可通过记录集导航条来实现信息的分页显示。下面将创建记录集导航，其具体操作如下。

微课视频

创建记录集导航

（1）单击"数据"插入栏中的"记录集分页"按钮后的按钮，在打开的下拉列表中选择"记录集导航条"选项。

（2）打开"记录集导航条"对话框，在"记录集"下拉列表中选择"product"选项，在"显示方式"栏中选择导航条的显示方式，这里单击选中"文本"单选项，单击 确定 按钮，如图8-40所示。

（3）返回网页中即可查看到添加后的效果，保存网页，然后按【F12】键预览效果，如图8-41所示。

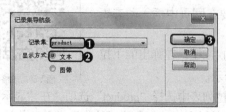

图8-40　"记录集导航条"对话框

55	鸭肉	25	6	每袋3公斤	24	115	0	20	False
4	盐	2	2	每箱12瓶	22	53	0	0	False
53	盐水鸭	24	6	每袋3公斤	32.8	0	0	0	True
71	意大利奶酪	15	4	每箱2个	21.5	26	0	0	False
17	猪肉	7	6	每袋500克	39	0	0	0	True
51	猪肉干	24	7	每箱24包	53	20	0	0	False

第一页 前一页

图8-41　预览效果

在打开的"记录集导航器"对话框中单击选中"图像"单选项，然后设置相应的链接图像即可。

8.2.4 插入记录

如果需要收集用户的信息并保存到数据库中，可通过"插入记录"功能来实现，其具体操作如下。

微课视频

插入记录

（1）新建一个"OK.html"网页并输入文本"插入成功！"，然后新建"addProduct.asp"网页文档，单击"数据"插入栏中的"插入记录"按钮 右侧的 按钮，在弹出的下拉列表中选择"插入记录表单向导"选项。

（2）打开"插入记录表单"对话框，在"连接"下拉列表中选择"conn"选项，在"插入到表格"下拉列表中选择"产品"选项，在"插入后，转到"文本框中输入连接的URL地址为"OK.html"。

（3）在"表单字段"列表框中设置需要显示在表单中的字段，如有不需要的则选中该字段后再单击 按钮将其删除，单击 确定 按钮，完成操作如图8-42所示。此时编辑窗口中显示的内容如图8-43所示。

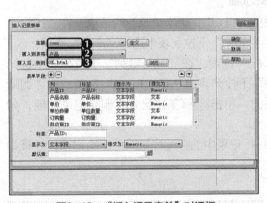

图8-42 "插入记录表单"对话框

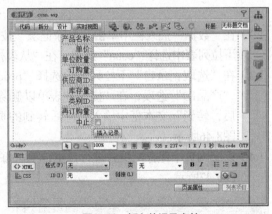

图8-43 插入的记录表单

（4）保存并预览网页，输入相应数据后，单击 插入记录 按钮，即可插入一条记录，效果如图8-44所示。

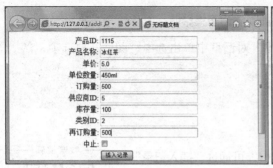

图8-44　预览效果

8.2.5　删除记录

数据库中某些无用数据，可将其删除。若要删除数据库中的某条记录，可以使用"删除记录"功能，其具体操作如下。

（1）打开插入动态表格后的"Product1.asp"网页文档，并将其另存为"Product3.asp"网页，在表格的最后增加一列，将鼠标光标定位到最后一个单元格中，插入一个表单，并添加一个提交按钮，将其值修改为"删除"，效果如图8-45所示。

微课视频

删除记录

图8-45　修改页面

（2）在"数据"插入栏中单击"删除记录"按钮，打开"删除记录"对话框，在"连接"下拉列表中选择"conn"选项，在"从表格中删除"下拉列表中选择"产品"选项。

（3）在"选取记录自"下拉列表中选择"product"选项，在"唯一键列"下拉列表中选择"产品ID"选项，在"提交此表单以删除"下拉列表中选择"form1"选项，在"删除后，转到"文本框中输入删除后转到的页面，单击 确定 按钮完成删除记录功能，如图8-46所示。

（4）返回网页中保存网页并进行预览，单击每一行记录中的 删除 按钮即可删除记录，效果如图8-47所示。

图8-46　"删除记录"对话框

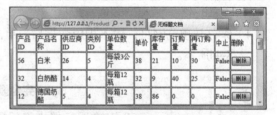

图8-47　预览效果

8.3　课堂案例：制作"食孜源"APP页面

在智能手机流行的今天，米拉认为，移动端的网页设计会在不久的将来得到普及，于是

184

向老洪请教关于移动端网页的设计知识，老洪为米拉讲解了一些基本知识后，就让米拉自行研究，尝试制作一个"食孜源"APP页面，参考效果如图8-48所示。

素材所在位置	素材文件\第8章\课堂案例\szy\1\ms1_02.png……
效果所在位置	效果文件\第8章\课堂案例\szy\szy.asp……

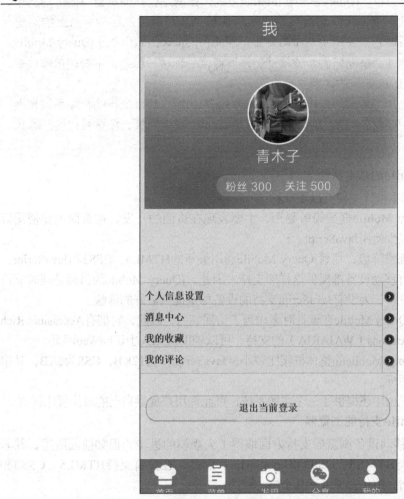

图 8-48 "食孜源" APP 页面参考效果

8.3.1 认识jQuery Mobile

jQuery是继prototype之后的又一个优秀的JavaScript框架，是一个兼容多浏览器的JavaScript库，同时也兼容CSS3。jQuery可以让用户能更方便地处理HTML documents、events，实现动画效果，并且为网站提供Ajax交互，同时还有许多成熟的插件可供选择。

jQuery是一种免费、开源的应用，其语法设计使开发者的操作更加便捷，如操作文档对象、选择DOM元素、制作动画效果、事件处理、使用Ajax以及其他功能等。其模块化的使用方式可使开发者轻松地开发出功能强大的静态或动态网页，这些网页与模板处于连接状态，在修改时，只需对模板进行修改，其他网页文件将会相应进行修改。

jQuery Mobile支持全球主流的移动平台，它不仅给主流移动平台带来jQuery核心库，而且会发布一个完整统一的jQuery移动UI框架。

jQuery的应用

现如今，jQuery驱动着Internet上的大量网站，在浏览器中提供动态用户体验，促使传统桌面应用程序越来越少。目前主流移动平台上的浏览器功能都基本使用了桌面浏览器，因此，jQuery团队引入了jQuery Mobile（或 JQM）。JQM的使命是向所有主流移动浏览器提供一种统一体验，不管使用哪种查看设备，都能使整个Internet上的内容更加丰富。

JQM的目标是在一个统一的UI中交付超级JavaScript功能，跨最流行的智能手机和平板电脑设备工作。与jQuery一样，JQM是一个在Internet上直接托管、免费可用的开源代码基础。

1. jQuery Mobile的基本特性

jQuery Mobile的基本特性主要有以下几种。

- **简单**：jQuery Mobile框架简单易用，主要表现在页面的开发，在页面主要使用标签，无需或很少使用JavaScript。
- **持续增强和优雅降级**：尽管jQuery Mobile利用最新的HTML5、CSS3和JavaScript，但并不是所有移动设备都提供这样的支持。因此，jQuery Mobile的目标是同时支持高端和低端设备，为没有JavaScript支持的设备尽量提供最好的体验。
- **易于访问**：jQuery Mobile在设计时考虑到了访问能力，因此，它拥有Accessible Rich Internet Applications（WAIARIA）的支持，可以辅助残障人士访问Web网页。
- **规模小**：jQuery Mobile的整体框架比较小，JavaScript库为12KB，CSS为6KB，其中还包括一些图标。
- **主题**：在此框架中还提供了一个主题系统，可允许用户提供自己的应用程序样式。

2. jQuery Mobile支持的浏览器

jQuery Mobile在移动设备浏览器支持方面取得了大规模的进步，但如前面所述，并非所有的移动设备都支持HTML5、CSS3和JavaScript。因此，在没有支持HTML5、CSS3和JavaScript的设备持续增强中包含了以下几个核心原则。

- 所有的浏览器都应该能够访问全部的基本内容。
- 所有的浏览器都应该提供访问全部基础功能。
- 增强的布局和行为则应由外部链接的CSS和JavaScript提供。
- 所有基本内容应该在基础设备上进行渲染，而不是提供更高级的平台和浏览器，应该由额外的、外部链接的JavaScript和CSS持续增强。

jQuery Mobile支持的移动平台

目前jQuery Mobile支持Apple（iPhone、iPod Touch、iPad）的所有版本；Android平台中的所有版本；Blackberry Torch中的版本6；Palm WebOS Pre、Pixi和Nokia N900。

8.3.2 创建页面

在Dreamweaver中集成了jQuery Mobile，用户可以通过Dreamweaver快速设计出适合大多数移动设备的Web应用程序，其具体操作如下。

（1）在Dreamweaver CS6中，选择【文件】/【新建】菜单命令，在打开的"新建文档"对话框中选择"空白页"选项，并选择页面类型为"HTML"，在右下角的"文档类型"下拉列表框中选择"HTML5"选项，单击 创建(R) 按钮创建新的页面，如图8-49所示。

（2）在"插入"面板的下拉列表中选择"jQuery Mobile"选项，切换到"jQuery Mobile"插入面板，选择"页面"选项，如图8-50所示。

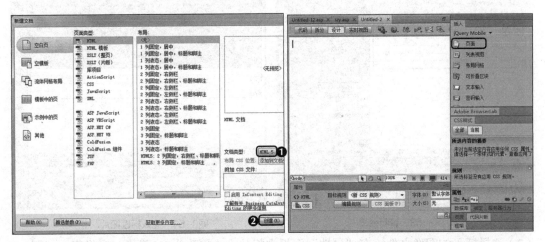

图8-49 创建jQuery Mobile页面　　　　　　　　图8-50 选择"页面"选项

（3）打开"jQuery Mobile文件"对话框，在其中保持默认设置，然后单击 确定 按钮，如图8-51所示。

（4）打开"jQuery Mobile页面"对话框，在"ID"文本框中输入页面名称，单击 确定 按钮，如图8-52所示。

图8-51 "jQuery Mobile文件"对话框　　　　　图8-52 设置页面名称

（5）完成简单的jQuery Mobile创建，然后保存名为"Mobile.html"的页面，如图8-53所示。

（6）将插入点定位到"标题"DIV中，删除"标题"文本，在其中插入"w_01.png"图像文件，如图8-54所示。

"jQuery Mobile文件"对话框选项含义

知识提示

在"jQuery Mobile 文件"对话框中，如果单击选中"远程"单选项，则表示支持承载jQuery Mobile文件的远程CDN服务器，对于尚未配置包含jQuery Mobile文件的站点，则对jQuery 站点使用默认选项。也可选择使用其他CDN服务器；如果单击选中"本地"单选项，则表示用于显示Dreamweaver中提供的文件。其中CSS类型中的"组合"单选项表示使用完全CSS文件，而单击选中"拆分（结构和主题）"单选项，则表示使用被拆分成结构和主题组件的CSS文件。

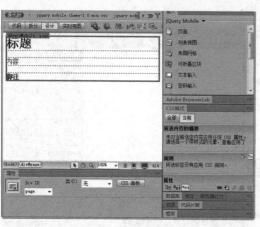

图8-53 查看效果

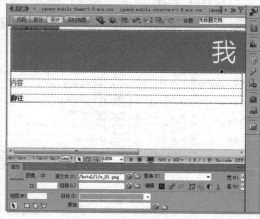

图8-54 插入标题图片

（7）选择插入的图像文件，在"属性"面板中将其大小更改为720像素×70像素，如图8-55所示。

（8）将插入点定位到"内容"DIV中，删除"内容"文本，并在其中按两次【Enter】键，将插入点定位在该DIV开始处，插入"szy_02.png"图像，并设置其大小为720像素×411像素，如图8-56所示。

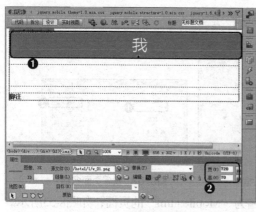

图8-55 设置图片大小

图8-56 插入其他图片并设置大小

8.3.3 添加jQuery Mobile组件

jQuery Mobile提供了多种组件，用于为移动页面添加不同的页面元素，丰富页面内容，如列表、文本区域、复选框和单选按钮等，其具体操作如下。

（1）将插入点定位在图片下方的空行，在"插入"面板中选择"列表视图"选项，如图8-57所示。

（2）打开"jQuery Mobile列表视图"对话框，在"项目"下拉列表中选择"4"选项，单击选中"拆分按钮"复选框，在"拆分按钮图标"下拉列表中选择"右箭头"选项，如图8-58所示。

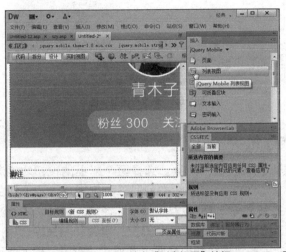

图8-57 单击"列表视图"按钮　　　图8-58 设置"jQuery Mobile列表视图"对话框

（3）单击 确定 按钮，在页面中选择"页面"文本并删除，然后输入需要的内容，如图8-59所示。

（4）将插入点定位到下方空行，按【Enter】键换行，在"插入"面板中选择"按钮"选项，如图8-60所示。

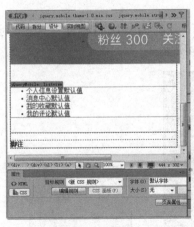
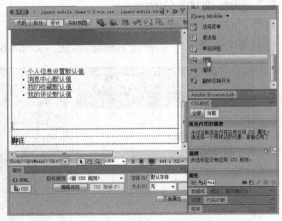

图8-59 更改文本　　　　　　　图8-60 添加"按钮"组件

（5）打开"jQuery Mobile 按钮"对话框，在"按钮"下拉列表中选择"1"选项，在"按钮类型"下拉列表中选择"输入"，在"输入类型"下拉列表中选择"重置"选项，如图8-61所示。

（6）单击 确定 按钮，选择插入到页面中的按钮，在"属性"面板中的"值"文本框中输入"退出当前登录"文本，如图8-62所示。

图8-61　设置"jQuery Mobile按钮"对话框

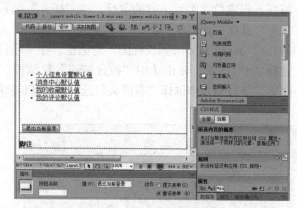

图8-62　更改按钮值属性

"jQuery Mobile按钮"对话框选项含义

"按钮"下拉列表可设置按钮的个数。选择两个以上的按钮才能激活"位置"和"布局"两个功能；"按钮类型"下拉列表可设置按钮的类型，主要包括链接、按钮和输入3种类型。如果选择输入选项，才能激活"输入类型"功能；"输入类型"下拉列表可选择按钮、提交、重置和图像等选项；"位置"下拉列表可设置按钮的位置，主要包括组和内联两个选项；"布局"栏主要用于设置按钮是用水平还是垂直的方式进行布局；"图标"下拉列表可设置按钮的图标；"图标位置"下拉列表可设置按钮图标的位置。该功能在用户为按钮选择了图标样式后，才能被激活。

（7）将插入点定位到"脚注"DIV中，删除"脚注"文本，在"插入"面板中选择"布局网格"选项，如图8-63所示。

（8）打开"jQuery Mobile 布局网格"对话框，在"行"下拉列表中选择"1"，在"列"下拉列表中选择"5"，单击 确定 按钮，如图8-64所示。

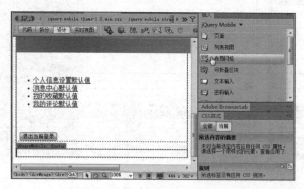

图8-63　添加布局网格

图8-64　"jQuery Mobile布局网格"对话框

（9）删除"区块1,1"文本，然后在其中插入"ms1_02.png"图片，并设置其大小为144像素×110像素，如图8-65所示。

（10）使用相同的方法，在其他区块插入相应的图片，并更改图片大小，如图8-66所示。

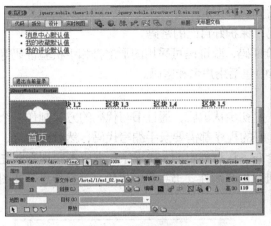

图8-65　更改图像大小

图8-66　添加并设置其他图像

（11）制作完成后，将网页以"szy"为名进行保存，按【F12】键即可预览效果。

8.4　项目实训

8.4.1　制作"用户登录"网页

1. 实训目标

本实训的目标是制作一个简单的用户登录页面，包括IIS的配置、动态站点的创建、动态网页的创建与动态网页的预览等操作知识。本实训完成后的参考效果如图8-67所示。

素材所在位置　素材文件\第8章\项目实训\sccicn\……
效果所在位置　效果文件\第8章\项目实训\sccicn\login.asp……

图8-67　"用户登录"效果

微课视频

制作"用户登录"网页

2. 专业背景

用户登录狭义上可理解为计算机用户为进入某一项应用程序而进行的一项基本操作，以便该用户可以在该网站上进行相应的操作。

● **用途**：可以有效地区分操作人员是该程序的用户还是非用户，有利于保障双方权益，对于一些行业要求，用户也可以通过登录获取会员等操作权利。

● **操作方法**：输入用户名及密码，然后确认进入。

● **注意事项**：记住自己的用户名和密码，保护好自己的密码。

通常用户登录页面包括用户名、密码和验证码，验证码可采用图形字符和手机验证码等方式，下面制作一个基本的用户登录页面，其中包括用户名和密码。

3. 操作思路

本实训将根据前面的操作，对ASP有了一定初步认识后，通过书写代码的方式制作一个简单的用户登录页面，以了解一些ASP程序。好的程序都需要亲手编写代码，然后再运行，同时，掌握ASP语法特点，才能编写出功能全面、运行稳定的ASP程序。完成本实训需要先配置IIS、创建并配置站点，然后打开素材并进行网页制作、书写验证代码，其操作思路如图8-68所示。

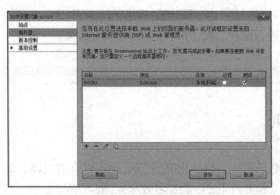 

　① 添加服务器站点　　　　　　　　　　　② 输入代码

图8-68　"用户登录"网页的操作思路

【步骤提示】

（1）在E盘中创建"sccicn"文件夹，并将素材文件夹"sccicn"中的所有内容复制到该文件夹中。

（2）启动IIS，选择IIS项中的ASP并双击，在"启用父路径"下拉列表框中选择"True"选项，然后单击"应用"超链接确认，返回IIS项中的ASP，单击"基本设置"超链接，在打开的"编辑网站"对话框中的"物理路径"文本框中输入"E:\sccicn\"。

（3）启动Dreamweaver CS6，在其中创建动态站点，并进行相应的配置设置。

（4）打开"login.asp"网页文件，切换到代码视图，在"</head>"前输入图8-68所示的JavaScript代码。

（5）将鼠标光标定位在"id="LoginForm""后，并输入代码"onsubmit="return(Check-Form(this))""，以实现单击"登录"按钮后，对表单数据进行客户端检验。

（6）新建动态网页并保存为"LoginCheck.asp"，切换到代码视图，并删除所有代码，然后在页面中添加对密码字符串进行加密的代码。

（7）继续在页面中添加进行数据库连接的代码，最后在页面中添加对提交的参数值进行检查的代码。相关代码可参考效果文件。

（8）保存所有网页并切换到"login.asp"网页文件，按【F12】键进行预览，输入默认的用户名及密码再单击"登录"按钮。

8.4.2 制作jQuery Mobile页面

1. 实训目标

本实训的目标是创建一个jQuery Mobile页面，并在其中添加页面组件和内容，设计一个简单的移动设备页面。本实训完成后的参考效果如图8-69所示。

 效果所在位置 效果文件\第8章\项目实训\mobile\ mobile.html

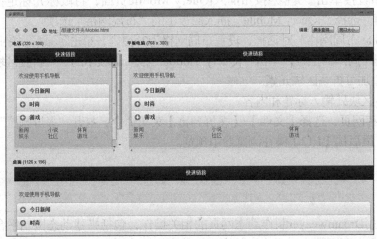

微课视频

制作jQuery Mobile页面

图8-69 jQuery Mobile 页面

2. 专业背景

本实训制作的jQuery Mobile页面主要应用于手机、平板电脑等移动设备，所以其制作方法同普通的Web有一些不同之处。

从页面的创建来说，jQuery Mobile页面不同于普通的HTML页面，更不同于动态电脑页面，其实jQuery Mobile页面更加简单。

从网页设计来说，jQuery Mobile页面中所添加的页面元素也比较单一，相当于普通页面中的一些表单元素的添加，主要还在于内容的填充。

3. 操作思路

完成本实训需要先创建jQuery Mobile页面，然后添加布局网格和添加可折叠区块，最后输入文本内容并预览，其操作思路如图8-70所示。

① 添加布局网格

② 输入内容

③ 预览效果

图8-70 "手机导航"网页的操作思路

【步骤提示】

（1）启动Dreamweaver，选择【文件】/【新建】命令，在打开的"新建文档"对话框中选择"空白页"选项，并选择页面类型为"HTML"，在右下角的"文档类型"下拉列表框中选择"HTML5"选项，单击 创建(R) 按钮创建新的页面。

（2）在"jQuery Mobile"插入面板中选择"页面"选项，打开"jQuery Mobile 文件"对话框，在"链接类型"栏单击选中"本地"单选项，在"CSS类型"栏单击选中"拆分（结构和主题）"单选项，单击 确定 按钮。

（3）在打开的对话框中直接单击 确定 按钮插入jQuery Mobile页面，将鼠标光标定位到"内容"文本后面，选择"jQuery Mobile"插入面板中的"布局网格"选项。

（4）打开"jQuery Mobile 布局网格"对话框，设置布局网格为2行3列，单击 确定 按钮。

（5）将鼠标光标定位到布局网格上方，单击"jQuery Mobile"插入面板中的"可折叠区块"按钮，在页面中添加可折叠区块元素。

（6）添加后在页面中各区块处输入标题和内容。

（7）按【Ctrl+S】键保存网页，选择【文件】/【多屏预览】菜单命令，打开"多屏预览"面板进行效果预览。最后按【F12】键在浏览器中预览。

8.5 课后练习

本章主要介绍了使用Dreamweaver制作动态网页的相关操作，包括搭建动态网站平台、使用记录集、创建移动平台网页等。对于本章的内容，读者应认真学习和掌握，这是作为网页设计师必备的技能。

练习1：制作网站后台系统

本练习要求制作一个最小化的后台管理系统来学习后台管理系统的制作。通过练习制作网站的过程，进一步巩固动态网页的制作知识，参考效果如图8-71所示。

素材所在位置	素材文件\第8章\课后练习\admin\
效果所在位置	效果文件\第8章\课后练习\admin\

图8-71 网站后台系统效果

要求操作如下。

● 首先进行动态网站开发环境的配置，包括IIS的配置及Dreamweaver中的站点配置。

● 制作登录验证页面，主要通过输入代码实现根据不同的情况对动态网页进行测试，如不输入任何值进行提交，以及输入

微课视频

制作网站后台系统

正确的用户名（本例为"admin"）及密码（本例为"mzrisk2009"）提交等，查看是否正常。

● 制作修改密码页面，主要通过手动输入代码实现用户能够修改密码的操作。

练习2：制作手机软件网页

本练习要求自行创建和设计一个jQuery Mobile页面，并在其中添加各种组件和内容，然后在浏览器中预览效果，参考效果如图8-72所示。

 效果所在位置 效果文件\第8章\课后练习\sjrj.html

要求操作如下。

● 通过HTML5来创建一个jQuery Mobile页面。
● 在页面中添加需要的组件和页面内容。
● 保存页面内容，然后预览效果。

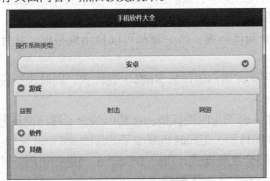

微课视频

制作手机软件网页

图8-72 手机软件网页参考效果

8.6 技巧提升

1. 通过字符串连接数据源

在Dreamweaver中可以直接使用字符串连接数据库，且这种方式也是目前许多设计者常用的方式。其方法是：新建ASP VBScript动态网页后，在"数据库"面板中单击 按钮，在弹出的下拉列表中选择"自定义连接字符串"选项，在打开的对话框中输入名称和字符串进行连接，如图8-73所示。

图8-73 通过字符串连接数据库

不同的数据库的连接字符串不同，Access数据库的连接字符串的格式为："Driver={Microsoft Access Driver (*.mdb)};UID=用户名;PWD = 用户密码;DBQ = 数据库路径"，其中数据库路径常使用相对于网站根目录的虚拟路径，故可写为""Driver={Microsoft

Access Driver (*.mdb)};UID=用户名;PWD＝用户密码;DBQ="& server.mappath("数据库路径")"，如""Driver={Microsoft Access Driver (*.mdb)};UID=test;PWD＝test888;DBQ="& server.mappath("database/login.asa")"就是一个合法的Access连接字符串。另外，如果Access数据库没有密码，则可以省略UID和PWD，其写法如""Driver={Microsoft Access Driver (*.mdb)};DBQ="& server.mappath("database/login.asa")"。

连接SQL Server数据库的连接字符串的格式为："Provider=SQLOLEDB;Server=SQL SERVER服务器名称;Database=数据库名称;UID=用户名;PWD=密码"。如"Provider=SQLOLEDB;Server=gg;Database=login;UID=sa;PWD=admin888"就是一个合法的SQL Server数据库连接字符串。

2．jQuery Mobile的主题应用

在jQuery Mobile中，所有的布局和组件都被设计了一个全新的面向对象的CSS框架，让用户能够给每个站点和应用程序应用统一的视觉设计主题，jQuery Mobile的主题主要有以下几个特点。

- 主要使用了CSS3来显示圆角、文字、盒阴影和颜色渐变，而不是使用图片，因此，主题文件较小，减轻了服务器的负担。
- 在主体框架中包含了几套颜色色板，每一套都可以自由地搭配，并且都可匹配头部、body和按钮等。
- 在开放的主题框架中，可允许用户创建最多6套主题样式，同时也给设计者增加了多样性。
- 在jQuery Mobile中增加了一套简化的图标集，在其中包含了移动设备上的大部分图标，并且精简到了每一张图片里，但同时也减少了图片的大小。

在jQuery Mobile中默认预设了5套主题样式，用a、b、c、d、e进行引用，并且为了使颜色主题能够准确地映射到各组件中，设定了以下规则。

- a：默认值，黑色背景白色文本。
- b：蓝色背景白色文本或灰色背景黑色文本。
- c：亮灰色背景黑色文本。
- d：白色背景黑色文本。
- e：橙色背景黑色文本。

CHAPTER 9

第9章
使用Flash制作网页动画

情景导入

老洪告诉米拉，网页中也会使用Flash来制作一些动画，作为网页元素来使用，使网页动静结合，提高网页的浏览量。

学习目标

● 掌握制作横幅广告的方法。
　　如新建文档、制作动画背景、输入文字、编辑动画、创建基本动画等。
● 掌握制作图片滚动动画的方法。
　　如制作基本动画效果等。
● 掌握制作网页导航的方法。
　　如网页背景动画的制作、ActionScript语句的添加等。

案例展示

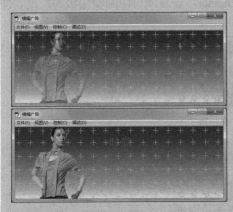

▲横幅广告

▲图片滚动动画

9.1 课堂案例：制作横幅广告

制作网站横幅广告时，使用Flash来制作动画效果是目前网站广泛使用的设计方法，米拉决定向老洪学习使用Flash来制作网站的横幅广告效果，老洪告诉米拉，制作横幅广告动画时，可通过导入图片素材并绘制图像以及进行动画制作的方式来完成，本任务参考效果如图9-1所示。

素材所在位置 素材文件\第9章\课堂案例\img02.png
效果所在位置 效果文件\第9章\课堂案例\横幅广告.fla

 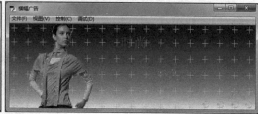

图9-1 横幅广告动画效果

9.1.1 Flash动画在网页中的应用

Flash动画具有良好的视觉效果和占用空间小的特点，在网页中的作用如下。

● **导航条**：导航条用于人们浏览网站时快速从一个页面转到另一个页面。一般导航条都是文字形式，利于Flash制作动态的导航条，如图9-2所示。

图9-2 Flash导航条

● **Banner广告**：这是Flash最常使用的领域，Banner广告在网页中的使用极为广泛，图9-3所示为一条常见的Banner广告。

图9-3 Flash的Banner广告

网页中动画使用的注意事项

虽然Flash可以让网页变得生动起来，但如果使用图像或内容过多，会影响动画的下载速度，增加浏览者的等待时间。

● **浮动广告**：使用Flash可以制作单独的Flash广告动画，并可以执行关闭操作，该动画通常用于页面的左右两侧空白处，如图9-4所示。

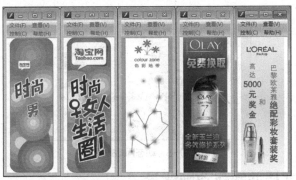

图9-4 浮动广告

● **制作商业广告**：广告是Flash经常制作的内容，除了Banner和浮动广告外，在网页中还有一些专用的广告专栏，同样Flash可制作这类广告专栏中的商业广告，如图9-5所示。

图9-5 Flash的商业广告

● **图片展示**：Flash强大的语句功能及动画功能使其可以制作各种想要的效果，以相册形式显示图片，或以滑动形式显示图片等，图9-6所示为一种图片展示效果。

图9-6 Flash的图片展示效果

● **网站形象网页**：Flash制作的网站形象页可呈动态显示，使其更加吸引浏览者的眼球，达到更好的视觉效果，如图9-7所示。

图9-7 网站形象网页

● **动态网站**：Flash强大的语句及开发功能，使其与Dreamweaver合作可制作出一些效果特殊的动态网站，如图9-8所示。

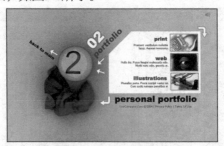

图9-8　动态网站效果

9.1.2　新建文档并制作动画背景

微课视频

新建文档并制作动画背景

下面先新建一个动画文档，然后绘制动画需要的背景，其具体操作如下。

（1）启动Flash CS6，在Flash CS6操作界面中，选择【文件】/【新建】菜单命令或按【Ctrl+N】组合键，在"新建文档"对话框"常规"列表框中选择"ActionScript 3.0"选项，并在右边设置宽为"600"、高为"200"，然后单击 确定 按钮创建Flash文档，如图9-9所示。

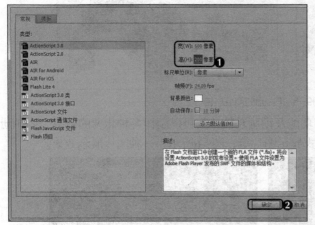

图9-9　新建Flash文档

多学一招

设置文档属性

　　除了可以在"新建文档"对话框中设置文档属性，还可以在"属性"面板中进行设置，使用"选择工具" 在舞台外单击，然后在面板组中打开"属性"面板，即可设置文档的频率、大小、颜色等属性。

（2）选择【插入】/【新建元件】菜单命令，打开"创建新元件"对话框，在"名称"文本框中输入"十字"，单击 确定 按钮，创建一个图形元件，如图9-10所示。

（3）在工具箱中选择"线条工具" ，在"笔触颜色"色块上单击，选择"#CCFFCC"颜色块，如图9-11所示。

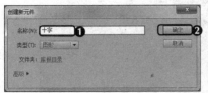

图9-10 新建元件

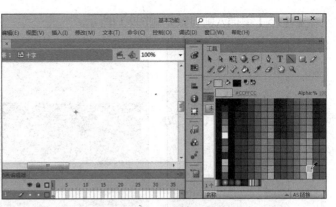

图9-11 设置笔触颜色

（4）在舞台区拖曳鼠标绘制一个十字形图形，然后在文件窗口单击"返回"按钮 ，返回到场景1中，如图9-12所示。

（5）在工具箱中选择"矩形工具" ，在舞台上拖曳鼠标绘制一个比舞台大一些的矩形，然后选择"颜料桶工具" ，在"颜色"面板组的下拉列表中选择"线性渐变"选项，在渐变条上设置渐变颜色为从蓝色到白色，如图9-13所示。

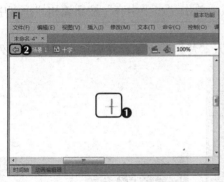

图9-12 绘制形状

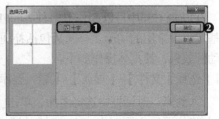

图9-13 设置渐变颜色

（6）将鼠标移动到舞台中由下向上拖曳鼠标渐变填充形状，如图9-14所示。

（7）在工具箱中选择"Deco工具" ，在"属性"面板中的"绘制效果"下拉列表框中选择"网格填充"，单击 编辑... 按钮，在打开的对话框中选择"十字"元件，单击 确定 按钮，如图9-15所示。

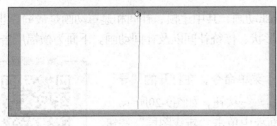

图9-14 渐变填充形状

图9-15 选择元件

（8）使用相同的方法将其他平铺全部设置为"十字"元件，然后分别将"水平间距"和"垂直间距"设置为15像素，如图9-16所示。

（9）在时间轴的第60帧处单击鼠标右键，在弹出的快捷菜单中选择"插入帧"命令或直接按

【F5】键插入帧，效果如图9-17所示。

图9-16　设置Deco工具属性

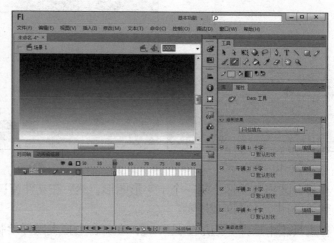

图9-17　插入帧

（10）在舞台上单击鼠标绘制出十字网格图形，然后在工具箱中选择"选择工具" ，选择绘制的十字网格图形，然后在"对齐"面板中单击"水平中齐"按钮 和"垂直中齐"按钮 ，如图9-18所示。

（11）在"时间轴"面板中双击"图层1"名称，输入"背景"文本，然后单击图层中 列对应的圆点图标锁定图层，效果如图9-19所示。

图9-18　绘制并调整十字网格

图9-19　重命名图层名称

9.1.3　创建基本动画

在Flash CS6中可以制作很多种类的Flash动画，其中逐帧、补间和遮罩动画是最简单也是最基本、最常用的动画。补间又包括补间形状、传统补间以及补间动画。下面为横幅广告制作动画效果，其具体操作如下。

（1）选择【文件】/【导入】/【导入到库】菜单命令，在打开的"导入到库"对话框中选择图像，单击 打开(O) 按钮，如图9-20所示。

（2）将位图导入到库中，在"时间轴"面板中单击"新建图层"按钮 新建一个图层，然后单击"转到第一帧"按钮 ，在"库"面板中将位图拖曳到舞台中释放鼠标，如图9-21所示。

微课视频

创建基本动画

图9-20 导入外部位图

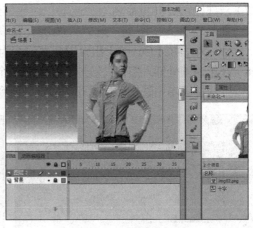

图9-21 拖入位图到舞台

（3）选择位图移动到舞台右边，按【F8】键打开"转换为元件"对话框，在其中将名称设置为"人物"，类型为"图形"元件，单击 确定 按钮，如图9-22所示。

（4）在"属性"面板中设置样式为"Alpha"，值为"50%"，如图9-23所示。

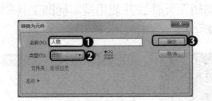

图9-22 转换元件

图9-23 修改元件属性

（5）在第1帧处创建补间动画，并在第24帧中将对象位置向左移动，如图9-24所示。

（6）新建图层，并重命名为"人物2"，在第24帧处按【F7】键插入空白关键帧，然后从"库"面板中拖入人物元件到"人物2"图层，并调整大小和位置，使其覆盖"人物"图层的元件，如图9-25所示。

图9-24 创建补间动画并移动图像

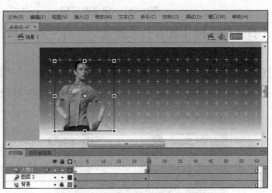

图9-25 创建静态图层并添加图像

（7）新建图层，并重命名为"遮罩"，在第55帧处按【F7】键插入空白关键帧，从"库"
面板中拖入位图到"遮罩"图层，并调整大小和位置，使其覆盖"人物"图层的元
件，然后按【Ctrl+B】组合键分离位图为图形，如图9-26所示。

（8）在第24帧处插入空白关键帧，并绘制一个橙色椭圆，在第24帧处单击鼠标右键，在弹出
的快捷菜单中选择"创建补间形状"命令创建动画，如图9-27所示。

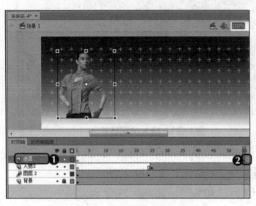

图9-26　分离位图为图形

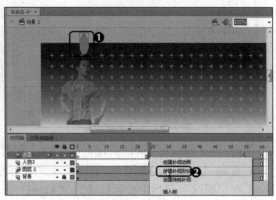

图9-27　创建补间形状动画

（9）在"遮罩"图层处单击鼠标右键，在弹出的快捷菜单中选择"遮罩层"命令，将图层转
换为遮罩层，如图9-28所示。

（10）新建一个名为"箭头"的"影片剪辑"元件，并使用基本椭圆工具和线条工具绘制一
个橙色的圆环箭头图形，如图9-29所示。

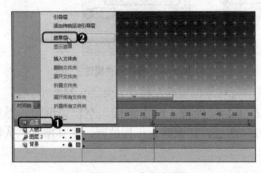

图9-28　定义遮罩层

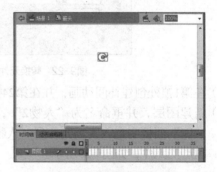

图9-29　绘制圆环箭头形状

（11）按【F8】键打开"转换为元件"对话框，在其中按照如图9-30所示的方法进行设置，
将其转换为图形元件。

（12）在第20帧处按【F6】键插入关键帧，然后将元件旋转，并在第1帧处单击鼠标右键，
在弹出的快捷菜单中选择"创建传统补间"命令，创建动画，如图9-31所示。

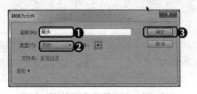

图9-30　转换元件

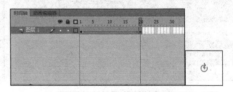

图9-31　创建传统补间动画

（13）单击选择第1帧，然后在"属性"面板中的"旋转"下拉列表中选择"顺时针"选项，次数为"1"，如图9-32所示。

（14）单击文档窗口上的 按钮返回场景，新建一个图层，并从"库"面板中拖入4个元件放入图层，并进行位置排列，如图9-33所示。

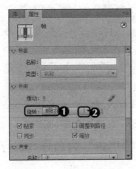

图9-32 修改补间属性

图9-33 放置元件动画

9.1.4 输入文字并编辑动画

在Flash CS6中同样可以输入文字，并对文本进行编辑，还可以为其添加动画效果，其具体操作如下。

（1）新建图层，并重名命为"流行"，在第24帧处插入空白关键帧，用"文本工具"输入"流行"文本，然后在"属性"面板中设置字体为"微软雅黑"，字号为"32点"，颜色为红色，如图9-34所示。

（2）按【F8】键打开"转换为元件"对话框，在其中进行设置将其转换为"图形"元件。在第24帧处创建补间动画，在第50帧处移动对象位置创建属性关键帧，如图9-35所示。

205

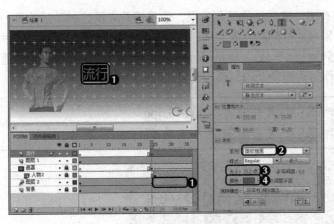

图9-34 输入文本

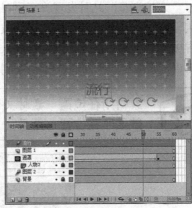

图9-35 创建补间动画

（3）将光标定位到补间动画帧处，打开"动画编辑器"面板，在"缓动"选项中单击 按钮，在弹出的列表中选择"阻尼波"选项添加缓动，然后在"基本动画"下拉列表中选择"2-阻尼波"，如图9-36所示。

（4）用相同的方法创建"时尚"文字补间动画，并设置缓动为"阻尼波"，如图9-37所示。

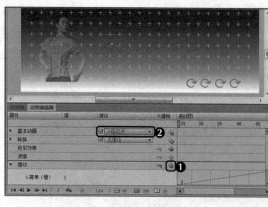

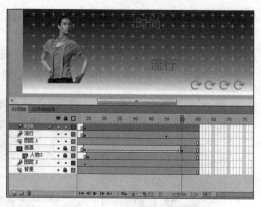

图9-36 编辑补间动画 图9-37 创建并编辑补间动画

（5）按【Ctrl+S】组合键打开"另存为"对话框，将其以"横幅广告"为名进行保存，按
【Ctrl+Enter】组合键预览动画效果，如图9-38所示。

图9-38 预览动画效果

9.2 课堂案例：制作图片滚动动画

　　米拉浏览网站时发现许多网站有图片滚动类的动画效果，于是请教老洪这种动画效果的
实现方式，老洪告诉米拉，这种效果可通过两种方式实现，一是通过Flash来制作动画，然后
导出为".swf"格式，再将其插入到网页中；另一种是通过JS来实现，但这种方式需要精通
JS语言来编写。下面通过Flash来制作图片滚动动画，参考效果如图9-39所示。

　　素材所在位置 素材文件\第9章\课堂案例\1.jpg-6.jpg
　　效果所在位置 效果文件\第9章\课堂案例\图片滚动.fla、图片滚动.html

图9-39 图片滚动动画

9.2.1 制作基本动画效果

下面将使用Flash的一些基本操作来制作图片滚动动画，使图片产生从右到左自动滚动的效果，其具体操作如下。

微课视频

制作基本动画效果

（1）启动Flash CS6，选择【文件】/【新建】菜单命令，打开"新建文档"对话框，设置宽、高分别为"619"和"129"，背景为"灰黄色（#e3d492）"，单击 确定 按钮，新建Flash文档。如图9-40所示。

（2）选择【文件】/【导入】/【导入到库】菜单命令，打开"导入到库"对话框，选择提供的素材文件，如图9-41所示。

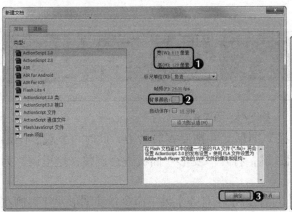

图9-40 新建Flash文档

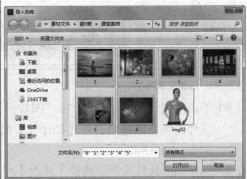

图9-41 导入到库

（3）单击 打开(O) 按钮，将素材导入到库中，选择【插入】/【新建元件】菜单命令，打开"创建新元件"对话框，在"名称"文本框中输入"图片拼接"，在"类型"下拉列表框中选择"图形"选项，单击 确定 按钮，如图9-42所示。

（4）将"库"面板中的"1.jpg"素材拖曳到舞台中，按【Ctrl+T】组合键打开"变形"面板，设置图片的缩放宽度和缩放高度都为"30%"，将其他图片依次拖入到舞台中，并设置其缩放为30%，如图9-43所示。

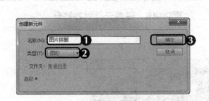

图9-42 新建图形元件

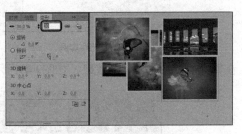

图9-43 添加图片并变形

（5）拖曳图片，使图片排列成一排，并使其在水平方向上对齐，如图9-44所示。

图9-44 排列图像

（6）选择"文本工具"，在"属性"面板中设置文本类型为"静态文本"、系列为"华文中宋"，大小为"20.0点"，颜色为"黑色（#000000）"，如图9-45所示。

（7）在图片下方拖曳鼠标绘制一个文本框，输入图片对应的名称，并调整文本居中对齐图片，如图9-46所示。

图9-45 设置文本属性

图9-46 添加文本

（8）单击 按钮返回场景1，将"图片拼接"图形元件拖曳到舞台中，此时可发现，图形元件的大小不适合，按【Ctrl+T】组合键，打开"变形"面板进行调整，这里调整为50%，如图9-47所示。

（9）选择图形元件实例，选择【修改】/【对齐】/【左对齐】菜单命令，使图形元件实例左对齐舞台边界，再选择【修改】/【对齐】/【垂直居中】菜单命令，使图形元件实例垂直居中对齐舞台，如图9-48所示。

图9-47 缩小图形元件实例

图9-48 设置元件对齐舞台

（10）在舞台中查看对齐后的效果，如图9-49所示。

图9-49 查看对齐效果

（11）在第60帧处插入关键帧，将图形元件实例拖曳到舞台左侧以外，并与边界相邻，如图9-50所示。

图9-50 设置第60帧

（12）选择第1帧~第60帧，单击鼠标右键，在弹出的快捷菜单中选择"创建传统补间"命令，为图形元件实例创建传统补间动画，如图9-51所示。

（13）单击"图层1"的第1帧，选择舞台中的图形元件实例，单击鼠标右键，在弹出的快捷菜单中选择"复制"命令。然后单击"锁定"图标 🔒 锁定"图层1"，单击"新建图层"按钮 🔲 新建"图层2"，如图9-52所示。

图9-51 创建传统补间动画

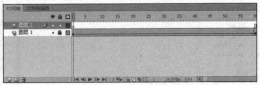

图9-52 创建图层

（14）选择【编辑】/【粘贴到中心位置】菜单命令，粘贴图形元件实例，如图9-53所示。

（15）选择"图层2"中的第1帧，将图形元件实例拖曳到"图层1"中图形实例元件的末尾，并间隔相同的距离，如图9-54所示。

图9-53 粘贴图形元件实例

图9-54 拖曳图形元件实例

（16）选择"图层2"中的第60帧，创建一个关键帧，然后拖曳图形元件实例，将其移动到"图层1"中的图形元件的末尾，并间隔相同的距离，如图9-55所示。

（17）选择"图层2"的第1帧~第60帧，单击鼠标右键，在弹出的快捷菜单中选择"创建传统补间"命令，为图形元件实例创建传统补间动画，如图9-56所示。

图9-55 拖曳图形元件实例

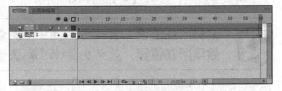

图9-56 创建传统补间动画

9.2.2 发布动画

在完成动画作品的制作后，为了确保动画的最终质量，通常需要对动画做一系列必要的测试。在完成测试并根据测试结果适当对动画进行调整后，可根据实际情况设置发布参数，发布动画作品，其具体操作如下。

（1）按【Ctrl+S】组合键打开"另存为"对话框，在其中设置保存名称为"图片滚动"，然后选择保存位置，单击 保存(S) 按钮即可，如图9-57所示。

（2）选择【文件】/【发布设置】菜单命令，打开"发布设置"对话框，单击选中"发布"列表中"Flash(.swf)"和"HTML包装器"复选框，在"输出文件"文本框中输入文件路径，在"JPEG品质"数值框中输入"100"，如图9-58所示。

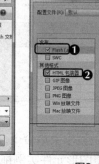

图9-57 "另存为"对话框　　　　　　　　图9-58 "发布设置"对话框

（3）单击 发布(P) 按钮，发布Flash动画。完成后单击 确定 按钮，打开该动画预览效果，如图9-59所示。

图9-59 预览动画效果

9.3 课堂案例：制作网页导航

一些网站为了达到视觉效果，会在导航栏中设置动画来提高视觉冲击力，老洪告诉米拉，这种动画也可以先使用Flash来制作，然后插入到网页中即可，米拉决定使用Flash来制作一个网页导航条，参考效果如图9-60所示。

素材所在位置　素材文件\第9章\课堂案例\网站菜单.fla
效果所在位置　效果文件\第9章\课堂案例\网页导航.fla

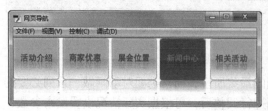

图9-60 网页导航参考效果

9.3.1 认识ActionScript

在网页动画中，常常会看到一些如花瓣飘落、雪花飞舞和繁星点点等特殊效果，使用前面所学知识制作它们很麻烦且难以实现，而使用ActionScript语句则可以很快实现这些效果。

ActionScript 是 Adobe Flash Player 和 Adobe AIRTM 运行时环境的编程语言。它在 Flash、Flex 和 AIR 内容和应用程序中实现交互性、数据处理以及其他许多功能。在Macromedia被Adobe公司收购后，Adobe公司推出了Flash CS3，其ActionScript语言版本也发展到了ActionScript 3.0，并同时推出了支持ActionScript 3.0的新一代虚拟机AVM 2。

ActionScript 3.0 提供了可靠的编程模型，具备面向对象编程基本知识的开发人员都熟悉此模型。ActionScript 3.0 相对于早期 ActionScript 版本改进的一些重要功能如下。

- **增强处理运行错误的能力**：列出出错的源文件和以数字提示的时间线，帮助开发者迅速地定位产生错误的位置。
- **类封装**：ActionScript 3.0引入密封的类的概念，在编译时间内的密封类拥有唯一固定的特征和方法，不可能加入其他的特征和方法，因而提高了内存的使用效率，避免了为每一个对象实例增加内在的杂乱指令。
- **命名空间**：在xml和类的定义中都支持命名空间。
- **运行时变量类型检测**：在播放时会检测变量的类型是否合法。
- **int和uint数据类型**：新的数据变量类型允许ActionScript使用更快的整型数据来进行计算。
- **新的显示列表模式和事件类型模式**：使用自由度较大的管理屏幕上显示对象方法和基于侦听器事件的模式。

9.3.2 制作动画背景

下面使用Flash来制作网页导航栏的动画背景，其具体操作如下。

（1）打开"网站菜单.fla"素材文档，选择"菜单背景"层第1帧。按【Ctrl+L】组合键打开"库"面板，将"menu_bg"影片剪辑元件拖入到场景中，并复制4个，调整其位置，如图9-61所示。

（2）新建图层，并重命名为"菜单"，选择第1帧，从库面板中将"text1"～"text5"按钮元件拖入到场景中，如图9-62所示。

微课视频

制作动画背景

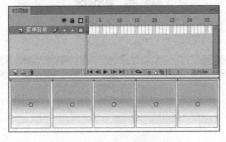

图9-61 添加按钮背景

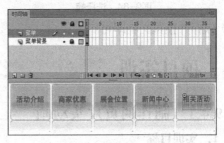

图9-62 拖入菜单元件

（3）锁定背景图层，选择最左边的"活动介绍"菜单元件，在"属性"面板的"实例名称"文本框中输入"menu1"，如图9-63所示。

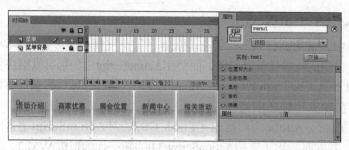

图9-63　输入实例名称

（4）使用相同的方法将其他菜单元件的实例名称分别定义为"menu2""menu3""menu4"和"menu5"。

9.3.3　添加ActionScript语句

动画背景制作好后，就可以在需要的位置添加ActionScript语句，实现需要的效果，其具体操作如下。

（1）新建一个图层，并重命名为"脚本"。选择第1帧，按【F9】键打开"动作"面板，如图9-64所示。

（2）在"动作"面板中输入ActionScript脚本，定义按钮的Click事件为navigateToURL (targetURL)，如图9-65所示。

微课视频

添加 ActionScript 语句

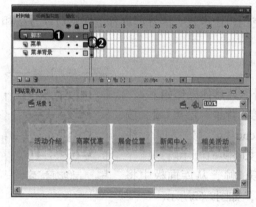

图9-64　选择帧　　　　　　　　　　　图9-65　添加脚本

（3）保存并预览文档即可。

9.4　项目实训

9.4.1　制作网页片头动画

1.　实训目标

本实训的目标是制作一个科技企业网站的片头动画，要求简单、美观，包括关键帧的应用、引导动画的设置、属性设置等操作知识。本实训完成后的参考效果如图9-66所示。

素材所在位置　素材文件\第9章\项目实训\飞机.png、天空背景.jpg
效果所在位置　效果文件\第9章\项目实训\网页片头动画.fla

微课视频

制作网页片头动画

图9-66 片头动画效果

2. 专业背景

网页片头动画主要用来进行网页的引导，可以起到介绍网页、宣传网页的效果。通过Flash来制作网页片头，可以使片头更加绚丽、动感，增加浏览者的兴趣。

片头动画的使用范围非常广泛，大多数网站都可以使用到，但在制作时需要注意动画的大小与清晰度，动画文件越大、越清晰，网页加载越慢。

3. 操作思路

本实训将根据前面所学知识，制作一个网页的片头动画，其操作思路如图9-67所示。

① 导入背景

② 编辑文本

图9-67 片头动画的制作思路

【步骤提示】

（1）启动Flash CS6，新建一个1100像素×450像素的Flash文档。

（2）在"时间轴"面板中的"图层1"图层的第2帧上插入关键帧，导入"天空背景.jpg"素材文件，然后将其转换为图形元件。

（3）选择该关键帧中舞台中央的背景图片，在"属性"面板中设置相关属性。在第9帧插入关键帧，然后设置背景图片的色彩效果属性。使用相同的方法为第15、25、38、40、55、56帧插入关键帧并设置背景图片的色彩效果属性。

（4）选择第2帧~第9帧关键帧创建传统补间，然后依次为其后的关键帧创建传统补间。

（5）在第65帧处插入帧，然后新建"图层2"图层，在第25帧处插入关键帧。然后导入"飞机.png"素材文件并将其转换为图形元件。

（6）将"飞机"图形元件实例移动到舞台左下角以外。在第55帧处插入关键帧，拖曳"飞机"到背景图像中云朵的上方，为这两个关键帧创建传统补间动画，并新建"图层3"图层，使用"线条工具"从"飞机"图像元件实例的移动起点到结束点绘制一条斜线。

（7）调整线条的弧度，将"图层3"创建为引导图层，然后单击"图层2"图层的第25帧，将元件实例的中心点与线条起始点对齐。单击"图层2"图层的第55帧，将元件实例的中心点与线条对齐，

（8）新建"图层4"图层，在第41帧插入关键帧，设置文本字体格式为"华文中宋、30磅、白色"，然后在舞台左上侧以外的区域输入文本"现代风采庄园"。

（9）在第50帧处插入关键帧，拖曳文本到舞台中，然后为其创建传统补间动画。新建"图层5"图层，在第47帧处插入关键帧，在舞台右侧以外的区域输入文本"尽在汇锦嘉都"。

（10）在第56帧处插入关键帧，拖曳文本到舞台中，然后创建传统补间动画。新建"图层6"图层，在第34帧处插入关键帧，在舞台左侧的空白区域绘制一条色块，并设置矩形的笔触为"无"，填充颜色为"白色"、Alpha为"50%"，在第6帧处插入关键帧，将色块拖曳到舞台中，然后在第34帧~46帧之间创建传统补间。使左侧的文本与该色块在文本位置上垂直居中。

（11）使用相同的方法为另一文本添加底纹，保存文件即可。

9.4.2 制作动态Banner

1. 实训目标

本实训的目标是使用ActionScript脚本制作一个动态的网站Banner，通过ActionScript条件、循环语句以及对象属性等实现随机的烟花效果。本实训完成后的参考效果如图9-68所示。

素材所在位置 素材文件\第9章\项目实训\banner_bg.jpg
效果所在位置 效果文件\第9章\项目实训\动态Banner.fla

微课视频
制作动态 Banner

图 9-68　动态 Banner 参考效果

2. 专业背景

Banner一般是网站页面的横幅广告，也可以是游行活动时用的旗帜，还可以是报纸杂志上的大标题。Banner主要体现中心意旨，形象鲜明地表达最主要的情感思想或宣传中心。

Banner横幅广告，作为表现网站广告内容的图片，一般放置在首页的导航菜单处，是互联网广告中最基本的广告形式，其尺寸多样，根据自身的网页布局进行定义。Banner可以是静态的JPG、GIF格式的图像文件，也可以是用多帧图像拼接的动画图像，或者直接使用Flash制作的swf格式的动画。使用Rich Media Banner（丰富媒体Banner），能赋予Banner更强的表现力和交互内容，但一般需要用户使用的浏览器插件对其支持（Plug-in）。

3. 操作思路

完成本实训需要先定义文档属性，然后制作动态影片剪辑，并定义元件属性，最后编写ActionScript脚本，其操作思路如图9-69所示。

① 添加素材背景　　　　　　　② 添加 ActionScript 脚本

图9-69　动态Banner的制作思路

【步骤提示】

（1）新建ActionScript3.0文档，设置文档大小为980像素×185像素，选择【文件】/【导入】/【导入到舞台】菜单命令，将素材图像导入到舞台中，并调整位置。

（2）按【Ctrl+F8】组合键，在打开的"创建新元件"对话框中新建图形元件"光速"，并绘制一个光芒菱形。

（3）新建影片剪辑元件"烟花"，将"光速"拖入舞台，并制作从左向右运动的补间动画。

（4）新建影片剪辑元件"放烟花"，将"烟花"元件拖入舞台，并新建图层。

（5）在"库"面板中的"烟花"元件处单击鼠标右键，在弹出的快捷菜单中选择"属性"命令，在打开的"元件属性"对话框中单击"高级"选项，分别单击选中"为ActionScript导出"和"在第1帧中导出"复选框，在"类"文本框中输入"yh"。

（6）在"放烟花"影片剪辑图层2的第1帧处按【F9】键，在打开的"动作"面板中输入ActionScript脚本。

（7）用相同的方法设置影片剪辑元件"放烟花"的高级属性，并在"类"文本框中输入"yhmc"。

（8）再返回场景，新建图层Action，在第1帧处添加脚本，然后保存动画即可。

9.5 课后练习

本章主要介绍了使用Flash CS6制作网页动画的相关知识，包括Flash的基本操作、制作基本的网页动画和使用ActionScript制作简单的脚本动画等。对于本章的内容，读者应认真学习，以提高自身的网页效果制作水平。

练习1：制作玩具网站首页

本练习要求制作玩具网站首页。以此练习使用Flash来制作网页动画的相关操作，参考效果如图9-70所示。

素材所在位置	素材文件\第9章\课后练习\玩具网站\飞机1.png……
效果所在位置	效果文件\第9章\课后练习\玩具网站首页.fla

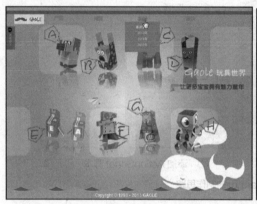 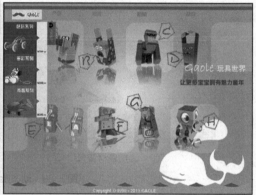

图9-70　玩具网站首页效果

要求操作如下。

● 新建一个1024像素×768像素的"灰色（#999999）"文档。

● 制作飞机动画元件、导航条以及弹出菜单，编辑一个文字动画。

● 返回主场景将各元件移动到舞台中合成动画效果。

练习2：制作图片轮播动画

本练习要求使用提供的素材图片为网页制作一个图片轮播效果的动画，参考效果如图9-71所示。

素材所在位置	素材文件\第9章\课后练习\鹿角海棠.JPG……
效果所在位置	效果文件\第9章\课后练习\多肉轮显.fla

图9-71 手机软件网页参考效果

要求操作如下。

● 新建一个331像素×281像素的Flash文档，然后导入图片并将其转换为元件。
● 在相应的帧处添加动作。
● 保存动画，然后预览效果。

9.6 技巧提升

1．快速删除帧与清除帧

删除帧后，所选帧及帧中对应的图形等所有内容全部被删除。清除帧则只清除舞台中的内容而不删除帧。选择要删除或清除的帧（可按【Shift】键多选）后，单击鼠标右键，在弹出的快捷菜单中选择"删除帧"或"清除帧"命令即可。另外，选择帧后按【Delete】键也可以删除帧。

2．导出Flash动画为GIF动画

选择【文件】/【导出】/【导出影片】菜单命令，在"保存在"下拉列表中指定文件路径，在"文件名"文本框中输入文件名称，在"保存类型"下拉列表中选择导出的文件格式"GIF 动画（*.gif）"，然后单击 保存(S) 按钮。在打开的"导出GIF"对话框中，设置导出文件的尺寸、分辨率和颜色等参数，然后单击 确定 按钮，即可将动画中的内容按设定的参数导出为GIF动画。

3．补间动画与传统补间之间的差异

Flash CS6提供了2种创建补间动画的方法，分别是补间动画和传统补间动画。其中补间动画易于创建且功能强大，能够对动画进行最大程度的控制；传统补间动画则为用户提供了需要的某些特定功能。它们之间的差异介绍如下。

● 补间动画在整个补间范围上由一个目标对象组成；传统补间动画则允许在两个关键帧之间进行补间，其中包括相同或不相同的元件实例。
● 补间动画只有一个与之关联的对象实例，且使用属性关键帧而不是关键帧；传统补间动画则使用关键帧来显示对象的新实例。
● 两者都允许对特定类型的对象进行补间。不同的是，当这些对象类型不支持时，补间动画会将其转换为影片剪辑元件；而传统补间动画则会将其转换为图形元件。
● 补间动画支持文本直接作为补间对象，不会将其转换为影片剪辑；而传统补间动画则会将文本转换为图形元件。
● 补间目标上的任何对象脚本都无法在补间动画范围的过程中更改，且补间动画范围

不允许帧脚本；而传统补间动画则允许帧脚本。

- 当需要选择补间范围中的某个帧时，需要按住【Ctrl】键再单击该帧。
- 在同一图层中可以有多个传统补间或补间动画，但在同一图层中不能同时出现两种补间。

4．事件

事件是确定计算机执行哪些指令以及何时执行的机制。本质上，事件就是所发生的、ActionScript能够识别并可响应的事情。许多事件与用户交互相关联，如用户单击某个按钮或按键盘上的某个键；如使用ActionScript加载外部图像，有一个事件可以让用户知道图像何时加载完毕。当ActionScript程序运行时，从概念上讲，它只是坐等某些事情发生。发生这些事情时，为这些事件指定的特定ActionScript代码将运行。

在Flash CS6中常见的事件包括鼠标事件、键盘事件、声音事件、日期和时间处理等，下面分别进行介绍。

- **鼠标事件：** 用户可以使用鼠标事件来控制影片的播放、停止以及 x、y、alpha和visible属性等。在ActionScript中用MouseEvent表示鼠标事件，而鼠标事件包括单击（CLICK）、跟随（通过将实例x、y属性与鼠标坐标绑定来实现让文字或图形实例跟随鼠标移动）、经过（MOUSE_MOVE）和拖曳（stopDrag）等。
- **键盘事件：** 通过键盘事件，用户可以使用按下键盘的某个键来响应事件。通常使用keyCode属性来进行控制，每一个键都对应了唯一的编码。
- **声音事件：** 在ActionScript中处理声音时，可以使用Flash.media包中的某些函数。常用的函数包括Sound、SoundChannel、SoundLoaderContext、SoundMixer、SoundTransform和Microphone等。
- **日期和时间处理：** 日期和时间管理函数都集中在顶级Date函数中。若要创建时间和日期，需要按照所在时区的本地时间返回包含当前日期和时间的Date对象。其创建方法是：var now:Date = new Date();然后即可使用Date函数的属性或方法从Date对象中提取各种时间单位的值。Date对象中的属性选项包括fullYear（年份）、month（月，从0~11分别表示一月~十二月）、date（某一天，范围为1 ~ 31）、day（以数字格式表示一周中的某一天，其中0表示星期日）、hours（小时，范围为 0 ~ 23）、minutes（分）、seconds（秒）。

CHAPTER 10

第10章
综合案例——制作企业官网

情景导入

通过一个多月的学习，米拉已经蓄势待发，老洪让米拉为一个珠宝公司独立制作一个企业官网。

学习目标

● 掌握使用Photoshop设计网页效果图的方法。
  如新建文档、导入素材、编辑图片、图层蒙版等。

● 掌握使用Flash制作图片轮播动画的方法。
  如元件的创建与编辑、属性设置、动作的应用等。

● 掌握使用Dreamweaver合成网页的方法。
  如DIV的创建、CSS的创建与编辑、超链接的使用等。

案例展示

▲首页效果

▲内页效果

10.1　实训目标

米拉出色地完成了老洪交付的任务，因此，公司决定提前为米拉转正，并让她担任老洪的设计助理。老洪将手中一个珠宝网站的企业官网制作项目交给米拉，让米拉独自完成。

企业官网主要用于向浏览者展现企业的相关信息，如产品种类、企业文化、品牌理念等，制作本实例时，首先要使用Photoshop CS6设计网站界面效果图，然后使用Flash CS6来制作相关的动画效果，最后使用Dreamweaver CS6来制作成网页效果，本实训的参考效果如图10-1所示。通过本实训的制作，读者可以掌握网站制作的流程和相关基本操作，下面进行具体讲解。

素材所在位置	素材文件\第10章\综合案例\1.jpg……
效果所在位置	效果文件\第10章\珠宝官网首页.psd、横幅广告.fla……

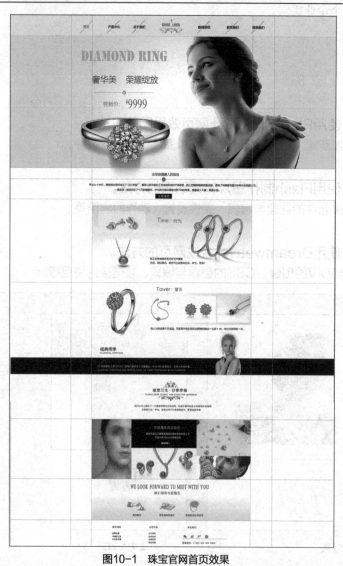

图10-1　珠宝官网首页效果

10.2　专业背景

对于商务网站来说，首先应明确建站的目的以及预期的效果。建站目的不同，需要实现的功能不同，其设计与规划就不同。然后准备相应的资料，如企业标志、企业简介、产品图片、产品目录及报价、服务项目、服务内容、地址及联系方式等。

做好以上的准备工作后，就可以开始进行网页效果的设计了。设计时首先要确定网页页面的大小，目前，主流的显示器多为1920像素×1080像素的分辨率，因此，在设计网站界面时，宽度不要超过1920像素，另外，移动端网页的宽度不要超过750像素。其次是版式的设计，设计版式时要根据网站栏目等因素综合考虑，当然，不同的风格对版式的要求也不相同，因此版式比较灵活多变。确定版式后就可以先绘制一个草图，然后根据草图在Photoshop中创建辅助线，以方便其后的设计工作。

在具体设计网页内容时，首先要确定的是网页配色。网页配色主要包括主色、辅助色及背景色几个方面。色彩的确定可以参考公司标志或同行业网站的配色。确定好色彩后最好做一个色轮或色块，以方便后面设计时直接进行取色。

确定配色后将进行具体的网页局部设计，设计制作时可以先根据辅助线确定各个区块，即先进行背景图像的制作，然后制作各种图标，最后输入文本。可以根据不同的类别或区域创建不同的图层文件夹以方便管理。设计的同时还需考虑后期如何切片、切片的输出格式及大小等属性。

设计通过后尽管可以将输出的切片在Dreamweaver中进行合成，但是输出的HTML网页文件的整个排版形式采用了表格布局，并且文本也以图片的方式输出，所以这并不是最好的做法。通常在切片时尽量做到以缩小文件大小为原则，即必须切片的才切片，能通过Dreamweaver实现的一定要通过Dreamweaver实现，而不是通过切片来实现。切片输出也只需要输出用户切片，然后在Dreamweaver中根据Photoshop设计的尺寸进行CSS布局。

10.3　操作思路

了解了网站设计的相关知识后，就可以开始设计制作了。根据上面的实训目标，本例的操作思路如图10-2所示。

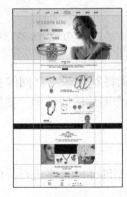① 设计界面效果　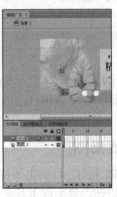② 制作轮播动画　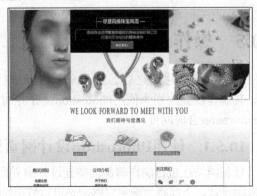③ 合成网页效果

图10-2　珠宝官网操作思路

10.4　准备工作

在进行网页设计制作前，需要进行相关的准备工作，如站点规划、素材收集等，本例在进行设计前也需要进行相应的准备工作，其具体如下。

10.4.1　站点规划

在制作网站前，需要先对网站进行准确的定位，明确网站的功能，网站的主题与类型确定好后即可开始规划网站的栏目和目录结构，以及页面布局等项目。

一般来讲，最常采用的方法是树型模式规划法。"珠宝官网"站点也将按照这种模式进行规划，首先是网站首页，然后按不同内容分成多个页面，图10-3所示即为"珠宝官网"站点的基本规划情况。

图10-3　"珠宝官网"站点结构规划

10.4.2　素材收集

在制作网页前应先收集要用到的文字资料、图片素材及用于增添页面特效的动画等元素，并将其分类保存在相应的文件夹中，如图10-4所示。

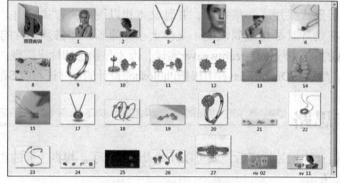

图10-4　"珠宝官网"素材文件

10.5　操作过程

在明确操作思路之后，接下来就可以进行网站的制作了。本例将制作珠宝官网的首页，其制作步骤分别为使用Photoshop设计界面效果图、使用Flash制作图片轮播动画、使用Dreamweaver合成网页。

10.5.1　使用Photoshop设计网页效果图

任何网站在进行制作前都需要先设计出界面效果图，目前主要使用Photoshop来进行界面效果图设计，下面将为珠宝官网网站进行效果图设计，分为以下几部分。

1. 设计导航条

下面使用Photoshop设计网页导航，其具体操作如下。

（1）在Photoshop CS6中新建一个1920像素×3050像素、背景为白色的文档，并将其保存为"珠宝官网首页.psd"，按【Ctrl+R】组合键显示标尺，根据网页布局规划创建参考线，如图10-5所示。

（2）根据页面布局规划，在"图层"面板中单击"创建新组"按钮 📁，创建图层组，然后双击图层组名称重命名，如图10-6所示。

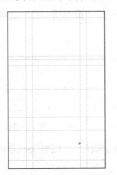

图10-5　创建参考线　　　　图10-6　创建图层组

 **界面设计中快速创建精确参考线技巧**

　　网页界面设计时，为了效果需要，通常对尺寸要求比较精确，为了快速创建出需要的精确参考线，可借助矩形选框工具来完成，方法是选择矩形选框工具，在工具属性栏的"样式"下拉列表中选择"固定大小"选项，然后在后面的文本框中设置需要的参考线宽度和高度，在图像区域先创建选区，最后在标尺上拖出参考线到选区附近，此时参考线将自动吸附到选区边缘，这样就创建了精确的参考线。

（3）新建图层，选择矩形选框工具，设置前景色为"灰色（#f1f3f3）"，在图像区域绘制一个矩形选区，并填充为灰色，效果如图10-7所示。

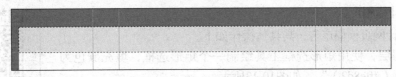

图10-7　绘制并填充选区

（4）导入"珠宝素材.psd"中的花纹图像，按【Ctrl+T】组合键调整图像大小，并将其移动到图像中间位置。

（5）选择文字工具，在工具属性栏设置字体为"Helvetica-Roman-SemiB"，字号为"24"，颜色为"金色（#c0a067）"，在图像区域输入"GOOD LUCK"文本，如图10-8所示。

图10-8　输入文本

（6）选择直线工具，在工具属性栏设置填充颜色为"95%灰色"，然后在图像区域拖曳鼠标绘制斜线，效果如图10-9所示。

（7）在"图层"面板中将绘制的形状图层拖曳到"新建图层"按钮上复制该图层，然后选择图层，在工具属性栏中将填充颜色修改为"金色"。

（8）新建一个图层，使用矩形选框工具绘制一个矩形选框，并填充灰色（#f1f3f3），然后使用文字工具在其中输入"首页"文本，并设置字符格式为"微软雅黑、加粗、18号、金色"，效果如图10-10所示。

图10-9　绘制斜线　　　　　　　　　　　　　　图10-10　设置文本

（9）在"图层"面板中选择形状和文字等图层，单击"链接图层"按钮 ∞ 链接图层，如图10-11所示。

（10）选择"移动工具" ⊕，在工具属性栏中单击选中"自动选择"复选框，并在其后的下拉列表中选择"图层"选项，将鼠标移动到"首页"文本上，按住【Alt】键的同时拖曳鼠标复制图层，重复操作5次，然后调整图层位置，并修改文本图层的文字，效果如图10-12所示。

图10-11　链接图层　　　　　　　　　图10-12　制作其他导航栏

2. 设计横幅广告

下面设计网页横幅广告，其具体操作如下。

（1）新建图层，使用矩形选框工具绘制一个矩形选框，填充颜色为"黄色（#ffe8d2）"，如图10-13所示。

（2）在"图层"面板中单击"添加图层蒙版"按钮 ▣，创建一个图层蒙版，单击"画笔工具"按钮 ✓，设置笔尖为"柔边圆"，大小为"900"，按【D】键复位前景色，在图像区域单击绘制圆，如图10-14所示。

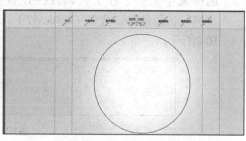

微课视频

设计横幅广告

图10-13　绘制并填充选区　　　　　　　　　图10-14　使用画笔编辑图层蒙版

（3）打开素材文件"2.jpg"，使用钢笔工具和通道抠取人物部分，将其添加到"珠宝官网首页.psd"图像中，按【Ctrl+T】组合键调整图像大小和位置，效果如图10-15所示。

（4）打开"27.jpg"素材文件，使用钢笔工具抠取戒指部分，并将其添加到海报左侧区域，效果如图10-16所示。

图10-15 添加人物图像

图10-16 添加戒指图像

（5）复制戒指所在的图层，按住【Ctrl】键的同时在图层面板的图层缩略图上单击，创建选区，并填充灰色（#b8b8b8），如图10-17所示。

（6）将图层移动到戒指图层下方，按【Ctrl+T】组合键调整大小和位置，然后在图像区域使用橡皮擦工具，制作出阴影效果，如图10-18所示。

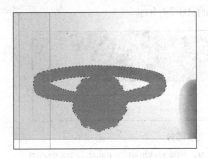

图10-17 填充选区

图10-18 制作阴影效果

（7）选择"横排文字工具"，在海报左上方输入"diamond ring"文本，字符格式设置如图10-19所示。

（8）依次输入其他文本，在其中按照图10-20所示的方法设置字符格式。

图10-19 设置字符格式　　　　图10-20 设置其他字符格式

（9）使用直线工具在海报中绘制两条直线，填充颜色为"金色"，效果如图10-21所示。

（10）选择"自定义形状工具"，在工具属性栏设置颜色为"金色"，形状为"花型装饰2"，如图10-22所示。

（11）在两条直线中间拖曳鼠标绘制形状，效果如图10-23所示。

图10-21　添加文字　　　　图10-22　选择形状　　　　图10-23　绘制形状

3.　设计内容部分

下面设计网页内容部分，其具体操作如下。

微课视频

设计内容部分

（1）选择文字工具输入文本，并设置字符格式为"微软雅黑、18点、深灰色（#3b3b3b）"，使用直线工具沿着参考线绘制一条颜色为灰色、粗细为1像素的直线，然后使用自定义形状工具，在图像中绘制一个八角星，填充颜色为灰色，效果如图10-24所示。

图10-24　制作文字部分

（2）继续在下方输入两行文本，并设置字符格式为"微软雅黑、14点、深灰色"。

（3）新建图层，使用矩形选框工具绘制一个矩形选区，然后将其填充为黑色，再使用文字工具在其上输入"立即选购"文本，设置字符格式为"微软雅黑、14点、白色"，效果如图10-25所示。

图10-25　制作按钮

（4）新建图层，在图像区域绘制一个矩形选区，设置前景色为"灰色（#eeeeee）"，背景色为白色，使用渐变填充工具为选区填充从前景色到背景色的渐变填充，效果如图10-26所示。

（5）打开素材文件"19.tif"，将其拖曳到图像中，调整大小和位置后，使用橡皮擦工具擦除深色的背景区域，如图10-27所示。

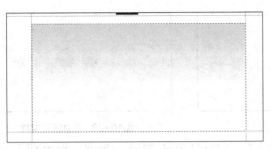

图10-26　渐变填充选区　　　　　　　　图10-27　擦除深色背景

（6）新建图层，绘制一个矩形选区，然后填充"浅灰色（#fafafa）"，将其移动到耳钉所在图层下方，效果如图10-28所示。

（7）打开素材文件"17.tif"，将其添加到图像中，选择橡皮擦工具，设置画笔为柔边圆，在图像边缘涂抹，虚化边缘，如图10-29所示。

（8）导入"18.tif"图像到珠宝首页图像中，按【Ctrl+T】组合键调整图像大小和位置，然后在"图层"面板中设置图层混合模式为"正片叠底"，效果如图10-30所示。

图10-28　添加底纹　　　　图10-29　添加图片并虚化边缘　　　　图10-30　调整图层混合模式

（9）使用文字工具输入"Time·时光"文本，并设置字符格式，其中"T"的字符格式为"Arial、36点、金色"，"ime·"的字符格式为"Arial、30点、金色"，"时光"的字符格式为"微软雅黑、24点、金色"。

（10）继续在图像下方输入文本，设置字符格式为"幼圆、14点、深灰色"，效果如图10-31所示。

图10-31　添加文本并设置格式

（11）导入素材文件"20.tif"到图像区域，自由变换调整图像大小和位置，然后新建图层，绘制一个矩形选区，并渐变（白色到浅灰色）填充选区，效果如图10-32所示。

（12）导入素材文件"6.jpg""12.jpg""23.tif"，通过自由变换调整图像位置和大小，效果如图10-33所示。

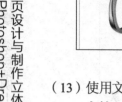

图10-32 制作底纹   图10-33 添加素材文件

（13）使用文本工具输入"Tower·誓言"，字符格式与"Time·时光"格式相同，继续在下方输入需要的文本，格式为"幼圆、14点、深灰色"，效果如图10-34所示。

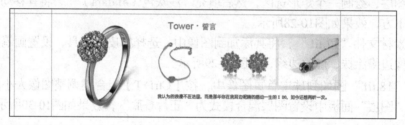

图10-34 添加文本并设置格式

（14）输入"经典传承"文本，字符格式为"微软雅黑、24点、深灰色"，在下方输入英文，字符格式为"Arial、10点、深灰色"。

（15）新建图层，绘制一个矩形选区，并将其填充为"黑色"。

（16）新建图层，使用直线工具在文本下方绘制两条斜线，然后输入文本，设置字符格式为"微软雅黑、12点、白色"，如图10-35所示。

图10-35 设置文本字符格式

（17）导入"1.jpg"素材文件，按【Ctrl+T】组合键将其调整到合适的大小和位置，并添加图层蒙版。

（18）按【D】键复位前景色，然后使用柔边圆画笔在图像边缘涂抹，效果如图10-36所示。

图10-36 制作图像效果

（19）将"珠宝素材.psd"图像中的花纹拖曳到首页图像中，按【Ctrl+T】组合键调整图像大小和位置，然后新建一个图层，利用矩形选框工具创建一个矩形选区，然后填充白色，如图10-37所示。

（20）使用文字工具在其中输入相关文字，字符格式分别如图10-38所示。

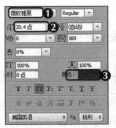
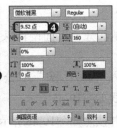
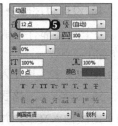

图10-37　制作背景图像　　　　　　　　　　　图10-38　设置文本字符格式

（21）导入"4.jpg"素材文件，调整图像大小和位置，效果如图10-39所示。

（22）新建图层，使用矩形选框工具绘制一个矩形选框，填充为黑色，然后使用文字工具在黑色矩形上输入相关的文字，相关字符格式依次如图10-40所示。

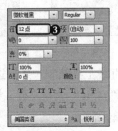

图10-39　添加素材　　　　　　　　　　　图10-40　设置文本字符

（23）使用矩形工具绘制一个无填充，描边为"白色、0.3点"的矩形形状，在上方使用文字工具输入文本内容，并设置字符格式，效果如图10-41所示。

（24）继续导入其他相关素材文件，调整图像大小和位置，效果如图10-42所示。

图10-41　绘制矩形并输入文本　　　　　　　　　　　图10-42　添加素材效果

（25）使用文字工具在图像中分别输入英文和中文，字符格式设置如图10-43所示。

（26）新建图层，使用矩形选框工具绘制一个矩形选框，使用渐变工具填充选区，渐变颜色为白色到灰色渐变。

（27）将"珠宝素材.psd"图像中的手绘素材添加到首页图像中，调整其大小和位置后，输入文字，字符格式为"幼圆、12点、95%灰色"，效果如图10-44所示。

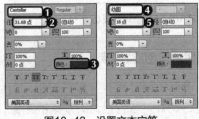

图10-43　设置文本字符　　　　　　　　　　　图10-44　设置文本字符格式

4. 设计页尾部分

每个网页都有页尾部分，下面设计珠宝官网的页尾部分，其具体操作如下。

（1）使用文字工具输入"购买须知""公司介绍""关注我们"文本，设置字符格式如图10-45所示。

（2）继续输入文本，并按照如图10-46所示的方法设置格式，完成效果如图10-47所示。

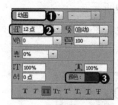  

图10-45　设置字符格式　　　图10-46　设置文本字符格式　　　图10-47　输入文本效果

（3）使用直线工具绘制一条描边大小为3点，颜色为95%灰色的直线，如图10-48所示。

（4）导入"24.tif"素材文件，调整图像大小和位置，然后输入文字完成页尾制作，效果如图10-49所示。

 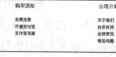 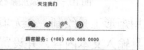

图10-48　绘制直线　　　　　　　　　图10-49　查看效果

5. 对效果图切片

效果图确定后就可以对制作的效果图进行切片，然后将其导出备用，其具体操作如下。

（1）单击"切片工具"按钮，在"图层"面板中隐藏"首页"和"产品中心"文本所在的图层，然后分别在图像区域拖曳鼠标对其背景图像切片，效果如图10-50所示。

（2）放大图像，创建一个位置为"1"像素的参考线，然后使用切片工具为背景创建切片，效果如图10-51所示。

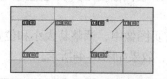 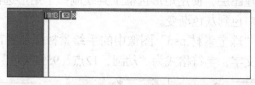

图10-50　创建导航栏背景切片　　　　图10-51　创建背景切片

知识提示

为什么背景切片只创建1像素

在网页设计中，若图片太大，会影响网页加载速度，因此，切片时，若背景为纯色，则不需要对背景进行切片，若背景为有规则的图像，则可以以最小像素进行切片。

（3）使用相同的方法为其他图像创建切片，效果如图10-52所示。

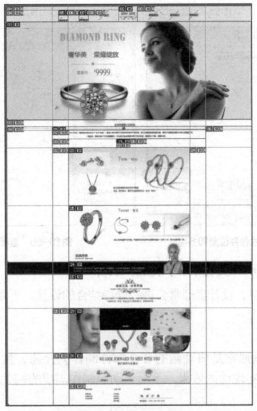

图10-52 创建其他切片

（4）选择【文件】/【存储为Web所用格式…】菜单命令，打开"存储为Web所用格式"对话框，在其中按照如图10-53所示的方法进行设置。

图10-53 "存储为Web所用格式"对话框

（5）单击 [存储...] 按钮，打开"将优化结果存储为"对话框，在其中设置切片保存位置和名称，如图10-54所示，单击 [保存(S)] 按钮即可将切片保存到指定的位置，如图10-55所示。

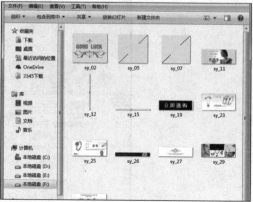

图10-54　设置切片保存位置和名称　　　　　　图10-55　查看保存的切片

10.5.2　使用Flash制作图片轮播动画

对于效果精美的网页，设计者通常会进行动静结合的设计。下面使用Flash CS6来设计珠宝官网的横幅海报部分。

1．制作元件

在Flash中制作动画通常是将动画的各个部件制作为元件，然后通过元件的不同动作来实现动画效果。下面为动画制作需要的相关元件，其具体操作如下。

（1）启动Flash CS6，选择【文件】/【新建】菜单命令，在打开的对话框中设置舞台尺寸大小为1920像素×750像素，其他保持默认设置，如图10-56所示。

（2）选择【文件】/【导入】/【导入到库】菜单命令，在打开的对话框中选择提供的素材文件，然后将其导入到库中，如图10-57所示。

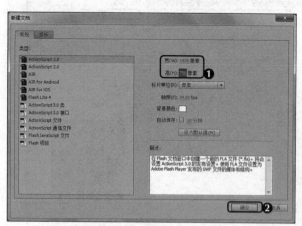

图10-56　设置文件大小　　　　　　　图10-57　导入素材到库

（3）在"库"面板中选择"ny_02.png"图像，单击"新建元件"按钮 [图]，在打开的对话框中设置元件名称为"冷色"，类型为"图形"，单击 [确定] 按钮，如图10-58所示。

（4）此时将进入创建的元件界面，在"库"面板中将导入的"ny_02.png"图像拖入到场景中，单击"垂直中齐"按钮 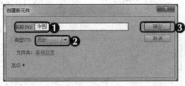 和"水平中齐"按钮 ，如图10-59所示。

图10-58　创建新元件　　　　　　图10-59　将素材创建为元件

（5）利用相同的方法将其他素材分别创建为元件，效果如图10-60所示。

（6）新建一个默认名称的影片剪辑元件，然后在元件中绘制一个圆形，填充为"白色（#FFFFFF）"，笔触为"橙色（#FF9900）"，如图10-61所示。

（7）新建一个影片剪辑元件，将"ny_02.png"图片放入元件中，并居中对齐，在时间轴的第2帧处单击鼠标右键，在弹出的快捷菜单中选择"插入空白关键帧"命令，插入一个空白关键帧，然后将"sy_11.png"图片放入到该帧处，如图10-62所示。

 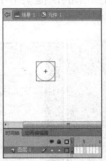 

图10-60　创建其他元件　图10-61　创建元件　　　　　图10-62　编辑空白关键帧

（8）单击"新建图层"按钮，新建图层2，然后在第1帧处单击鼠标右键，在弹出的快捷菜单中选择"动作"命令，在打开的面板中输入"stop();"代码，如图10-63所示。

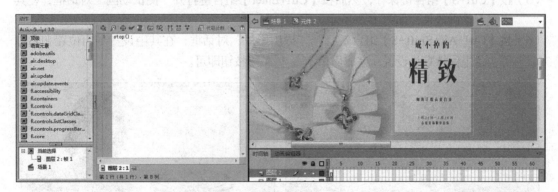

图10-63　添加代码效果

2. 添加动作并测试动画

使用Flash要制作效果更为精美的动画还需要结合脚本动作来完成，其具体操作如下。

（1）单击"场景1"超链接，返回场景舞台，将刚才创建的元件2拖入舞台，并水平垂直居中对齐，在"属性"面板的名称文本框中输

微课视频

添加动作并测试动画

入名称"apln"，如图10-64所示。

（2）将元件1拖曳到场景中，并将其放在元件2的上面，在"属性"面板中修改名称为"b1"，然后调整大小，设置样式为"亮度"，值为"78%"，效果如图10-65所示。

图10-64　拖入元件2　　　　　　　　　　　　　图10-65　拖入元件1

（3）使用相同的方法再创建1个圆形，设置名称为"b2"，如图10-66所示。

（4）新建一个图层，然后在其上单击鼠标右键，在弹出的快捷菜单中选择"动作"命令，在打开的"动作"面板中输入图10-67所示的代码。

图10-66　制作其他按钮　　　　　　　　　　　图10-67　添加脚本

（5）按【Ctrl+S】组合键保存，然后按【Ctrl+Enter】组合键打开"测试动画"对话框，在其中查看动画效果，如图10-68所示。

（6）按【Ctrl+Alt+Shift+S】组合键打开"导出影片"对话框，在其中设置导出位置和名称等，这里保持默认设置，完成后单击 保存(S) 按钮即可。

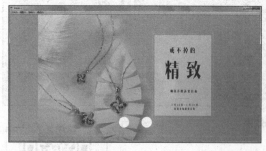

图10-68　测试动画

10.5.3　使用Dreamweaver合成网页

效果图以及网页中需要使用到的动画等素材与客户确认好后就可以开始页面的编辑了，通常是先制作静态的页面，然后再进行动态页面的设计，最后测试检查整个网站。

1. 制作网页头部

下面使用Dreamweaver CS6制作主页的头部区域，其具体操作如下。

（1）启动Dreamweaver CS6，选择【站点】/【新建站点】菜单命令，在打开的对话框中按照图10-69所示的方法进行设置。

（2）新建一个文件夹，重命名为"html"，然后在"html"文件夹上单击鼠标右键，在弹出的快捷菜单中选择"新建文件"命令，新建一个HTML文件，更改名称为"index.html"，如图10-70所示。

为什么要创建文件夹

知识提示

创建站点时需要对整个站点中的文件类型进行分类，如这里创建的"images"文件夹用于放置网站中的图片，"html"文件夹用于放置网站中的静态页面。一些大型网站还会有放置CSS文件、动画文档的文件夹等。

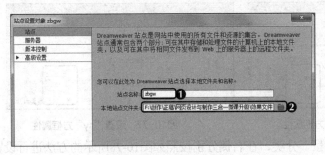

图10-69　新建站点

图10-70　创建文件夹和文件

（3）双击"index.html"，打开页面，选择【插入】/【布局对象】/【Div标签】菜单命令，在打开的对话框的"ID"文本框中输入"all"，表示为该DIV使用唯一的ID样式，如图10-71所示。

（4）单击 新建CSS规则 按钮，打开"新建CSS规则"对话框，直接单击 确定 按钮，在打开的对话框左侧选择"方框"选项，再设置宽为"1920"、高为"3050"，"margin"栏设置参数如图10-72所示，表示DIV的上下边框与里面文字距离为0，左右居中。

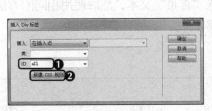

图10-71　创建DIV

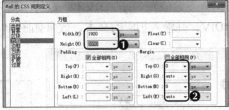

图10-72　设置方框样式

（5）依次单击 确定 按钮确认设置，然后删除默认的文本，使用相同的方法创建一个类名称为"top"的DIV，设置大小为1920像素×120像素，为了便于查找和观看，初学者可先为其设置一个背景颜色，这里将该标签背景设置为"#f1f3f3"，如图10-73所示。

（6）将插入点定位到名称为all的DIV中，再次插入一个名称为"banner"的DIV，设置其大小为1920像素×750像素，设置背景颜色为"#CFC"，如图10-74所示。

（7）使用相同的方法再创建一个名称为"maid"的DIV，设置其大小为1920像素×2180像素，设置背景颜色为"#F99"，效果如图10-75所示。

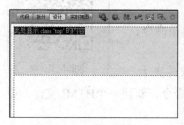
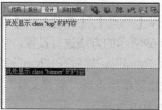
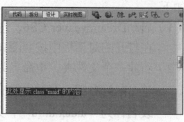

图10-73 设置top样式　　　　图10-74 设置banner样式　　　　图10-75 设置maid样式

（8）将插入点定位到名称为"top"的DIV中，再次插入一个名称为"top_dh"的DIV，并新建名称为"top_dh"的类CSS样式，其属性设置如图10-76所示。

（9）将插入点定位到"top_dh"DIV中，插入一个名称为"sy"的DIV，新建CSS样式，名称为".sy"，其"方框"属性设置如图10-77所示。

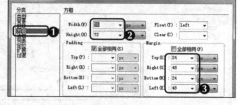

图10-76 设置"top_dh"方框属性　　　　图10-77 设置"sy"方框属性

（10）分别选择"类型"和"背景"分类，在右侧分别按照如图10-78所示的方法进行设置。

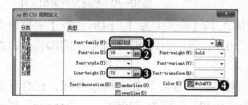
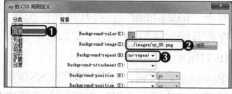

图10-78 设置"sy"的类型和背景属性

（11）选择"区块"分类，在右侧按照如图10-79所示的方法进行设置，然后单击 确定 按钮。

（12）将插入点定位到"sy"DIV中，在其中输入"首页"文本，然后使用相同的方法创建6个DIV，并输入相应的文本，效果如图10-80所示。

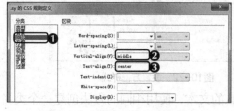

图10-79 设置"sy"的区块属性　　　　图10-80 添加其他DIV内容（部分）

（13）将插入点定位到名称为"banner"的DIV中，选择【插入】/【媒体】/【SWF】菜单命令，在打开的对话框中选择前面制作的轮播动画，效果如图10-81所示。

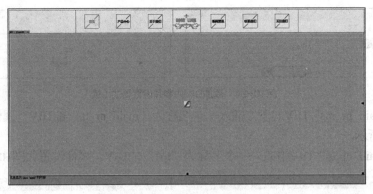

图10-81 插入Flash动画

2. 制作网页内容

下面使用Dreamweaver CS6制作主页的主要内容区域，其具体操作如下。

微课视频
制作网页内容

（1）在CSS面板中选择".maid"样式，单击"编辑样式"按钮，在打开的对话框中按照如图10-82所示的方法进行设置。

（2）在maid中插入一个名称为"maid_nr"的DIV，属性设置如图10-83所示。

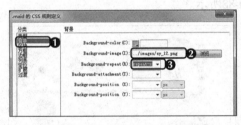

图10-82 更改".maid"样式属性

图10-83 设置"maid_nr"方框属性

（3）在"maid_nr"DIV中分别插入4个DIV，相关属性设置和效果如图10-84所示。

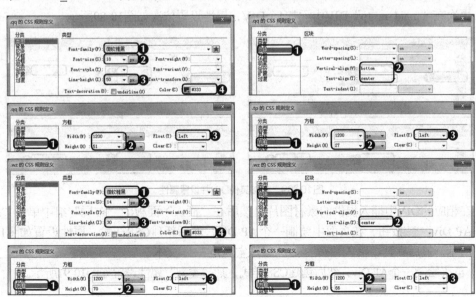

图10-84 添加DIV内容并设置属性

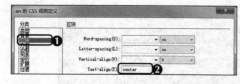

图10-84　添加DIV内容并设置属性（续）

（4）在"maid_nr_ms"DIV的下方插入一个名称为"maid_nr_tp"的DIV，属性设置如图10-85所示。

（5）在"maid_nr_tp"DIV中插入一个名称为"tp1"的DIV，属性设置如图10-86所示。

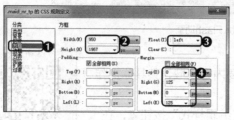

图10-85　设置"maid_nr_tp"属性 　　　　　　　　　 图10-86　设置"tp1"属性

（6）在"tp1"DIV中插入提供的"sy_23.png"素材图片，效果如图10-87所示。

（7）在"maid_nr_tp"DIV中插入一个名称为"tp2"的DIV，属性设置与"tp1"相同，然后在其中插入提供的素材图片，效果如图10-88所示。

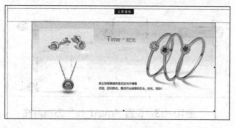
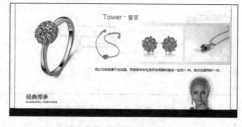

图10-87　添加图片 　　　　　　　　　　　　　　　 图10-88　添加其他图片

（8）再次在"maid_nr_tp"DIV中添加4个DIV，属性设置依次如图10-89所示。

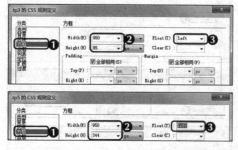
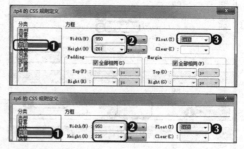

图10-89　添加其他DIV并设置属性

（9）在相应的DIV中插入提供的素材图片，然后在"插入"面板的"布局"组中单击"绘制AP Div"按钮，在页面中绘制一个AP Div，然后新建CSS样式，属性设置如图10-90所示，最后在其中输入"—尽显高级珠宝风范—"文本。

（10）再次绘制一个AP Div，然后创建CSS样式，其"类型"属性设置如图10-91所示。

238

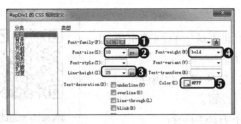
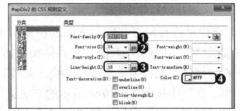

图10-90 设置"apdiv1"属性　　　　图10-91 设置"apdiv2"的类型属性

（11）单击"类型"选项，在右侧设置其"区块"属性，如图10-92所示。

（12）属性设置完成后在其中输入相应的文本，效果如图10-93所示。

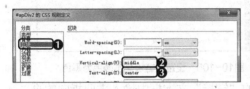

图10-92 设置"apdiv2"的区块属性　　　　图10-93 查看效果

（13）在下方插入一个名为"tp7"的DIV，设置大小为"950×160"像素，浮动为"left"，然后在其中插入一个DIV，名称为"tp7-2"，其属性设置如图10-94所示。

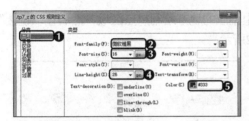

239

图10-94 设置属性

（14）在DIV中输入需要的文本，选择下方输入的文本，在"CSS"面板中新建一个名为".xez"的类规则，设置字符大小为"12"、行高为"18"，并将其应用到选择的文本上，效果如图10-95所示。

（15）使用相同的方法在右侧插入一个DIV，并应用前面设置的"tp_7"CSS样式，然后在其中输入相应的文本，选择下面的文本，应用"xez"CSS样式，效果如图10-96所示。

（16）在"tp7"DIV中再插入一个DIV，然后按照如图10-97所示的方法设置样式属性。

（17）在DIV中输入"关注我们"文本，然后插入"ny_13.png"图片，再输入服务电话，并为其应用"xez"CSS样式，完成后效果如图10-98所示。

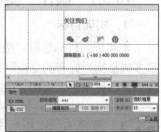

图10-95 设置"购买须知"　图10-96 设置"公司介绍"　图10-97 创建样式　图10-98 设置"关注我们"

3. 添加并设置超链接

微课视频

添加并设置超链接

超链接是连接网页与网页之间的桥梁，下面为珠宝官网首页添加相关的超链接，让网页动起来，其具体操作如下。

（1）在"属性"面板中单击 页面属性… 按钮，打开"页面属性"对话框，在其中按照如图10-99所示的方法进行设置。

（2）切换到"代码"窗口，在"a:link"代码下方添加一行"color:#333;"代码，如图10-100所示。

图10-99　取消超链接的下划线

图10-100　设置超链接文本颜色为黑色

（3）选择"产品中心"文本，在"属性"面板中的"链接"文本框中输入需要指向的页面，这里输入"#"。

（4）使用相同的方法继续为其他导航文本创建超链接，选择"立即选购"按钮，在属性面板中为其添加超链接，如图10-101所示。

（5）选择"矩形热点工具"按钮□，在页面中相应的地方绘制热点区域，然后在"链接"文本框中设置链接位置，效果如图10-102所示。

图10-101　为按钮添加超链接

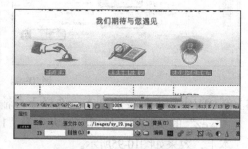

图10-102　创建热点超链接

（6）按【Ctrl+S】组合键保存网页，按【F12】键预览网页效果，完成本案例操作。

10.6　项目实训

10.6.1　制作"微观多肉植物"网页

1. 实训目标

本实训的目标是对"微观多肉世界"网站进行设计，该网站主要是多肉植物爱好者的交流网站，设计时要求画面美观，页面同时兼容多种浏览器显示，本实训完成后的参考效果如图10-103所示。

微课视频

制作"微观多肉植物"网页

素材所在位置　素材文件\第10章\项目实训\素材\LOGO.png……
效果所在位置　效果文件\第10章\项目实训\html\、效果\

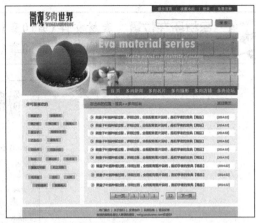

图10-103 "微观多肉世界"网站主页和二级页面

2. 专业背景

本实训制作的微观多肉世界网站是论坛类型的网站，主要是针对多肉植物养殖和交流的网站，它的主要用户为多肉植物爱好者，同时它也是一个分享交流类的网站，因此网站整体可以采用浅绿色调。另外为了突出网站的活跃氛围，在页面上可以运用橙色点缀。

3. 操作思路

本实训将根据前面所学知识，先使用Photoshop来制作界面效果图，然后再将其组合成网页，其操作思路如图10-104所示。

① 创建站点和文件夹

② 制作页面

图10-104 "微观多肉植物"网站的制作思路

【步骤提示】

（1）使用Photoshop CS6新建一个图像文件，在其中借助提供的素材制作网站界面效果图。

（2）使用Flash CS6将提供的素材文件制作一个轮播图片动画效果，并将其导出备用。

（3）创建一个站点，然后创建相关的文件和文件夹。

（4）通过CSS+DIV布局主页，然后向其中添加相应的内容，最后使用相同的方法制作网站的二级页面和三级页面。

（5）保存网页并预览即可。

10.6.2 制作"注册"和"登录"页面

1. 实训目标

本实训的目标是为微观多肉植物网站制作登录和注册页面。本实训完成后的参考效果如图10-105所示。

微课视频
制作注册和登录页面

素材所在位置　素材文件\第10章\项目实训\切片\dr_06.png……

效果所在位置　效果文件\第10章\项目实训\dl.html、dr_zc.html

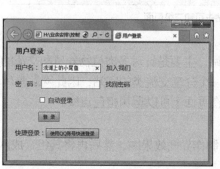

图 10-105　制作用户登录和免费注册页面

2. 专业背景

本实训制作的登录和注册网页都是属于"微观多肉植物"网站中的一个页面，因此，在进行设计时，需要按照该网站的风格来进行统一，如统一主色调、字体、按钮等。

3. 操作思路

完成本实训需要在Dreamweaver中制作具体的页面，其操作思路如图10-106所示。

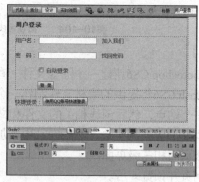

① 制作注册页面　　　　② 制作登录页面

图10-106　制作注册和登录页面操作思路

【步骤提示】

（1）分别在根目录下创建"dl.html"和"dr_zc.html"页面。

（2）在其中制作相关的内容，并创建相关的超链接，其中图片使用站点中的图片。

（3）打开10.6.1中制作的3个页面，对"登录"文本添加弹出浏览窗口行为，并重新链接"免费注册"超链接，使其单击即可跳转到"dr_zc.html"登录页面。

10.7　课后练习

本章主要介绍了一个完整网站从前期到制作的操作过程，包括使用Photoshop CS6来设计界面效果图，使用Flash CS6制作网页中的动画效果，以及使用Dreamweaver CS6来合成网页的相关知识。对于本章的内容，读者应重点掌握，这是一个网页设计师必备的操作技能。

练习1：制作"产品中心"页面

本练习要求为珠宝官网网站制作一个二级页面。要求界面效果要符合首页风格，参考效果如图10-107所示。

| 素材所在位置 | 素材文件\第10章\课后练习\img\3.jpg…… |
| 效果所在位置 | 效果文件\第10章\课后练习\cpzx.html |

微课视频

制作"产品中心"页面

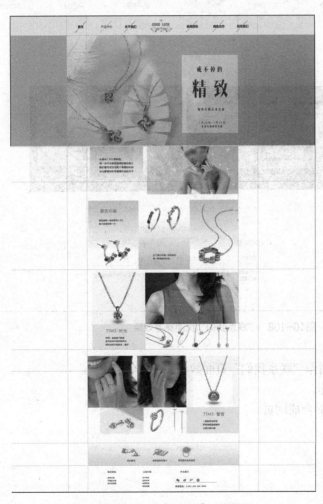

图10-107　"产品中心"页面效果

要求操作如下。

- 使用Photoshop CS6设计"产品中心"页面效果。
- 对设计完成后的页面进行切片操作。
- 使用Dreamweaver CS6合成网页。

练习2：制作"联系我们"页面

本练习要求在珠宝官网网站中制作一个"联系我们"页面，参考效果如图10-108所示。

微课视频

制作"联系我们"页面

 素材所在位置　素材文件\第10章\课后练习\img\
效果所在位置　效果文件\第10章\课后练习\lxwm.html

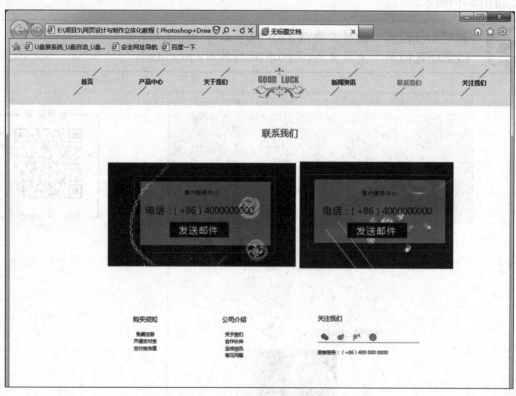

图10-108　"联系我们"页面参考效果

要求操作如下。

- 使用Photoshop CS6制作"联系我们"页面效果图。
- 对页面进行切片处理。
- 使用Dreamweaver CS6合成网页。

附 录
APPENDIX

附录1　　网页常用设计尺寸

　　网页设计尺寸和系统分辨率与主流浏览器有密不可分的关系，虽然设计出来的网页不可能满足所有用户的最佳尺寸，但我们要尽可能地设计出让大多数用户都能够舒适浏览的网页。下面列出了2018年度各种显示屏分辨率和浏览器的使用占有率情况。

表附-1　显示器分辨率统计

分辨率	占有率	分辨率	占有率
360px×640px	30.69%	1024px×768px	2.91%
1920px×1080px	13.01%	1600px×900px	2.47%
1366px×768px	6.09%	1080px×1920px	2.23%
1440px×900px	4.47%	320px×568px	1.85%
414px×736px	3.04%	其他	30.26%
720px×1280px	2.98%		

表附-2　主流浏览器的界面参数与份额

浏览器	状态栏	菜单栏	滚动条	国内市场份额
Chrome	22px	60px	15px	42.1%
Firefox	20px	132px	15px	1%
IE	24px	120px	15px	34%
360	24px	140px	15px	28%
遨游	24px	147px	15px	1%
搜狗	25px	163px	15px	3.8%

附录2　　iPhone常用设计尺寸

　　iPhone常用尺寸为750px×1334px，以下是每一代iPhone的界面尺寸。设计师在进行界面设计时只需设计出一种尺寸后适配其他尺寸即可。

表附-3　iPhone 界面尺寸

设备	分辨率	状态栏高度	导航栏高度	标签栏高度
iPhone6P、6SP、7P	1242px×2208px	60px	132px	146px
iPhone6、6S、7、8	750px×1334px	40px	88px	98px
iPhone5、5C、5S	640px×1136px	40px	88px	98px
iPhone4、4S	640px×960px	40px	44px	98px
iPhone 第一代、第二代、第三代	320px×480px	20px	15px	49px

表附-4 iPhone 图标设计尺寸 1

设备	App Store	程序应用	主屏幕
iPhone6P、6SP、7P	1024px × 1024px	180px × 180px	114px × 114px
iPhone6、6S、7、8	1024px × 1024px	120px × 120px	114px × 114px
iPhone5、5C、5S	1024px × 1024px	120px × 120px	114px × 114px
iPhone4、4S	1024px × 1024px	120px × 120px	114px × 114px
iPhone 第一代、第二代、第三代	1024px × 1024px	120px × 120px	57px × 57px

表附-5 iPhone 图标设计尺寸 2

设备	Spotlight 搜索	标签栏	工具栏和导航栏
iPhone6P、6SP、7P	87px × 87px	75px × 75px	66px × 66px
iPhone6、6S、7、8	58px × 58px	75px × 75px	44px × 44px
iPhone5、5C、5S	58px × 58px	75px × 75px	44px × 44px
iPhone4、4S	58px × 58px	75px × 75px	44px × 44px
iPhone 第一代、第二代、第三代	29px × 29px	38px × 38px	30px × 30px

附录3　Android常用设计尺寸

下面列出Android系统不同界面大小对应的各图标元素尺寸。

表附-6 Android 图标元素尺寸

屏幕大小	启动图标	操作栏图标	上下文图标	系统通知图标	最细笔画
320px × 480px	48px × 48px	32px × 32px	16px × 16px	24px × 24px	≥ 2px
480px × 800px					
480px × 854px	72px × 72px	48px × 48px	24px × 24px	36px × 36px	≥ 3px
540px × 960px					
720px × 1280px	48px × 48px	32px × 32px	16px × 16px	24px × 24px	≥ 2px
1080px × 1920px	144px × 144px	96px × 96px	48px × 48px	72px × 72px	≥ 6px